"十四五"普通高等教育本科精品系列教材

U0497894

酒店制服
时尚化设计

▶ 阮劲梅 ◎ 编　著

西南财经大学出版社

中国·成都

图书在版编目(CIP)数据

酒店制服时尚化设计/阮劲梅编著.--成都:西南财经大学出版社,
2024.10.--ISBN 978-7-5504-6278-6

Ⅰ.TS941.732

中国国家版本馆 CIP 数据核字第 2024QD2218 号

酒店制服时尚化设计

JIUDIAN ZHIFU SHISHANGHUA SHEJI

阮劲梅　编著

策划编辑:李邓超
责任编辑:王甜甜
责任校对:李建蓉
封面设计:墨创文化　张姗姗
责任印制:朱曼丽

出版发行	西南财经大学出版社(四川省成都市光华村街 55 号)
网　　址	http://cbs.swufe.edu.cn
电子邮件	bookcj@swufe.edu.cn
邮政编码	610074
电　　话	028-87353785
照　　排	四川胜翔数码印务设计有限公司
印　　刷	四川五洲彩印有限责任公司
成品尺寸	185 mm×260 mm
印　　张	9.125
字　　数	169 千字
版　　次	2024 年 10 月第 1 版
印　　次	2024 年 10 月第 1 次印刷
书　　号	ISBN 978-7-5504-6278-6
定　　价	32.00 元

前言

在服装产业中，职业制服是一个比较特殊的类别，除了具有服装最基本的功能之外，还具有普通服装所不具备的特殊功能。职业制服既要满足企业、团体整体形象统一的要求，也要便于劳动组织、生产管理及满足劳动过程的功效要求。随着竞争的加剧，越来越多的企业意识到职业制服在增强企业凝聚力、提升企业品牌形象中发挥的重要作用。社会和企业对职业制服的需求越来越大、要求越来越高，不仅需要满足职业上的功能需求，而且要满足人们在精神和审美层面的需求。

随着"全域旅游""文化旅游"概念上升到国家战略层面，旅游休闲经济已成为各地发展经济的重要抓手。国家的《"十四五"旅游业发展规划》《关于释放旅游消费潜力推动旅游业高质量发展的若干措施》等文件给旅游业和酒店业的发展提供了重要的指导和支持，促进了中国旅游业和酒店业的快速发展。为了满足旅游市场的多样化和个性化需求，酒店业需要不断创新，这包括服务模式的创新、产品开发的创新等。随着酒店业的发展，人们审美观念日益更新，酒店制服设计的时尚化、个性化成为趋势，"因店制宜，注重创新""制服文化"成为酒店文化的重要载体之一。

本书以酒店制服时尚化设计为研究对象，对酒店制服的个性化需求、创新设计与酒店形象、经营理念等进行了系统性分析，把酒店制服的特性和酒店的特点相结合，分析了酒店制服的特征、设计原则、设计元素、设计手法，并引用了大量的案例图片,语言简练、图片精良,适合酒店企业、职业装设计者、职业制服爱好者阅读。

本书由万萱教授牵头,拟定框架结构,由阮劲梅编写各章节具体内容,由任亚珍绘制部分参考图,各届服装与服饰设计专业同学提供了设计图稿,九寨沟星宇国际大酒店提供了系列设计案例。在这里,向以上为本书提供支持的各位表示深切的谢意!在本书的编写过程中,我们有选择性地参考了一些著作成果,同时也引用了一些图文,在此谨向原作者深表谢意!

编者

编者单位:成都银杏酒店管理学院

2024 年 6 月

目录

第一章　职业装设计基础知识

第一节　职业装的定义

随着社会生产力的发展，出现了社会分工，从而产生了不同的职业。

职业，是指个人由于社会分工而从事的具有专业业务和特定职责，并以此作为主要生活来源的工作。它具备五个基本特征：①目的性，即职业活动以获得现金实物等报酬为目的；②社会性，即职业是从业人员在特定社会生活环境中所从事的一种与其他社会成员相互关联、相互服务的社会活动；③稳定性，即职业在一定的历史时期内形成，并具有较长的生命周期；④规范性，即职业活动必须符合国家法律和社会道德规范；⑤群体性，即职业必须具有一定的从业人数。

不同种类的职业，在长期的运行当中，根据各自的行业特点积淀了相应的操作规范和文化内涵，并形成了一系列成熟的工作制度和服饰规范，使各个岗位人员具有了相对标准化特征的着装，从而呈现出了较为显著的职业特点和服饰印象。例如：医护人员的白大褂、行政人员的白衬衫加深色套装、警务人员的制服、消防队员的防护服等。这种符合各自职业身份的、规范化了的着装行为，在一定时间内具有相对稳定性，也就形成了具备相应职业特征的"职业装"。职业装是社会在向高级阶段发展过程中产生的必然着装现象，它体现了穿着者的职业身份。

职业装，即职业服装。广义上讲，职业装是指人们在某一特定职业岗位，从事某一特定工作内容的过程中，为标识和提升职业形象、提高工作效率或以安全防护为目的而穿着的特定服装。狭义上讲，职业装是指从业人员工作时穿着的一种能标明其职业特征、代表某种职业统一形象的专用服装。

人们可以通过职业装的整体造型和细节，感知着装对象的的职业领域甚至具体行业、岗位。同时，职业装又对着装对象本身具有一种行为规范性和约束性。职业装通过其外表的统一性，能够起到束缚和控制精神的作用，产生"服从、规范、严

1

肃"感，穿着职业服装不仅是对服务对象的尊重，同时也使着装者有一种职业责任感。总体来讲，职业装具有打造企业形象、强化团体管理、规范员工行为、提高工作效率的作用。

第二节　职业装的分类

职业装的分类方法很多，从不同的角度看，职业装有不同的分类方法，这里主要介绍三种最常见的分类方式。

一、按照职场着装要求的自由程度分类

世界上的职业千差万别，不同职业、不同公司的着装要求也会不同，从职业装是否受国家明文限制或企业规定出发，职业装具有强制性、半强制性和非强制性之分。按照着装要求的自由程度分类，可以把职业装分成四类：

（一）权威型职业装

有一些职业跟国家权力紧密相关，国家明文要求每个从业者必须以统一、严肃、规范的形象出现，这一类职业装称为权威型职业装，具有身份辨识的唯一性，如军装、警服、政府执法部门的服装等。

此类职业装的形象关键词是：严肃、规范。

（二）专家型职业装

专家是指某一领域的专业人士，具有良好的专业技能，这些技能是经过长时间的学习和训练获得的，并且通常具有不同级别的职业资格证书。职业形象的重点是展示其专业知识和能力，如会计师、律师、专业顾问等。这类职业装要求比较正式、稳重，从业者普遍会穿西服或者套装，造型简洁大方。

此类职业装的形象关键词是：知性、稳重。

（三）传统型职业装

这类职业一般包括企事业单位的一般员工、教师等。这类单位内部一般很少详细、严格地规定着装，只要不是奇装异服，穿着得体、符合主流审美即可。这类职业装的特点就是"融入"，融入集体、融入环境，遵循传统的着装规范和礼仪，保持稳重和庄重形象。

此类职业装的形象关键词是：得体、和谐。

（四）自由型职业装

有一些行业的穿着自由度比较高，如互联网公司，通常这类从业人员穿着比较随意，T恤、格子衬衫、牛仔裤比较常见。广告、时尚、传媒等行业，都属于创意型行业，在这类行业，服装透露出一个人的审美品位和创新能力，这类行业对奇装异服的容忍度非常大，但对低品位的容忍度却非常小。此类职业装要求着装自由、舒适，强调个性和创新。

此类职业装的形象关键词是：个性、创意。

二、按照职业装的功能强度分类

按照职业装的功能强度分类，可以把职业装分成四类：

（一）职业时装

顾名思义，职业时装兼具职业装与时装的成份，它兼顾穿着者的职业形象、身份地位、文化层次和时尚潮流，着装对象多为都市中的上班族，俗称"白领"。

在一般人的印象中，"白领"应当是从事脑力劳动而又追求生活格调的一个群体，因而其着装除了适应案头的工作环境之外，还要有自身的独特品味，有引领时尚潮流的先锋精神。现代都市职业时装更多地追求时尚性，一般在服装质地与制作工艺、穿着造型与搭配上有较高要求，总体上注重体现穿着者的身份、文化修养及社会地位。其设计偏向于时尚化和个性化，有很明显的流行性，但不强调职业装的特殊功能。因此，它具有很浓厚的商业属性。

（二）职业制服

职业制服是某一行业的标志性服装，是根据国家或社会团体的规章制度而穿用的统一着装。职业制服又分为受限类制服和非受限类制服。受限类制服是指在服装型制上，国家或政府有明文规定；而非受限类制服则不受国家或政府明文规定的限制。

在英语国家，"Uniform"一词可以理解为"制服"。Uni，是"一种、统一"的意思，Form是"形"的意思，"Uniform"就是"一致的形"，合并演绎为"统一的服装""制服"。根据制服所具有的典型特征的"型"，能够给我们"这种"或"这些"制服，即某个职业的感觉。

职业制服不仅具有行业识别的功能，而且能够规范从业人员的行为。职业制服要求穿着人员规范、整洁、美观、统一，通过统一的、有组织的、标准化的系统传播企业文化，充分展示企业或团体形象，形成内外一致的认同感，增强团队内部凝聚力，从而使企业或部门具有更强的竞争力和公信度。

职业制服首先强调的是标志性与统一性。标志性与统一性体现在行业要求上，不同的行业需要有与众不同、能鲜明体现行业特征的制服，比如税务、医护、海关、军警等。除此以外，制服还被运用到其他领域，如酒店服务业、餐饮业等，还有最独特的领域是校园，日本的校园制服便是制服文化中最特殊的组成部分。其次，职业制服在标识权威性的同时还显示着层级性，在行业服装系统中有着严格的等级秩序，代表着装者的身份层级关系。最后，职业制服还需要综合考虑人体在从业活动中各个动作细节的功能性。因此职业制服具有标志性、统一性、层级性和功能性的多重意义。

（三）职业工装

职业工装是为满足人体工学、护身功能而进行外形与结构的设计，强调保护、安全及卫生等实用性功能的服装，多指从事手工劳动、能够适应特殊环境条件的职业服装。

服装一般要求具有一定的强度，宽松、适于肢体活动，首先考虑功能性、安全性，辅之以标志性、审美性。职业工装的适用范围一般包括一线生产工人和户外作业人员等，如环卫工、维修工、汽修工、路巡人员等。

（四）职业防护服

这是对服装的功能强度要求最高的一类职业装，属于职业工装的加强版，更加强调其特殊防护作用，这主要是基于某种特殊工作环境的安全需要。一些特殊行业，如石油、化工、地矿、冶金、核工业、医疗、电子、航空航天等对于服装的防护性有着极高的要求，如防静电、防辐射、防酸碱、阻燃、医用隔离、除菌、耐高温等，面料通常为科技含量较高的专用面料。

除服装外，职业防护服还包括鞋靴、帽盔及各种外挂功能设备等，也会根据行业需求而具备各种高科技附加值，如夜视护目镜、可通讯耳套、具备各种功能的鞋子等。这些配件与服装共同构成一个具有强大功能的服装装备整体，能够满足特殊行业的需求。

三、按照职业装的产品属性分类

职业装按其产品属性的不同可分为西服套装、裙装、长外套、夹克、旗袍等。

西服套装、裙装、长外套一般适用于办公室管理人员和一般人员；夹克一般适用于车间作业或室外服务人员；旗袍一般在具有中式文化氛围的服务场所使用。

第三节　职业装的特性

对于职业装的设计者、生产者和穿着者，职业装的特性是一个非常重要的参考标准。不同职场着装要求的自由程度不同、产品功能强度要求不同，职业装特性的侧重点自然有所不同。职业装的设计必须围绕以下五大特性来展开：

一、职业性

职业服装区别于日常着装的一大特点，就是能够从感官中区分"工作时间"和"休息时间"，穿着职业装可以使着装者意识到自己已经进入了工作状态，从而体现出着装者在职业场所中的专业性和专业态度，可以说职业装是自律、专业以及忠于职守的体现，可以起到规范员工行为、增强纪律观念的作用。因此无论服装的款式、色彩、面料等元素如何改变，服装整体的视觉形象都应该区别于日常着装中放松、休闲的气氛和风格，能展现出着装者的专业素养和工作状态。

二、等级性

在一些组织机构设置复杂、等级制度严明的企业或特定的行业中，比较强调严明的上下级关系，特定的服饰形制，可以从视觉上形象地传达出岗位的等级性，表明不同职员的服务范围、职责权限和工作岗位。例如：厨师服帽子的高低、服装和三角巾的色彩形制，代表着厨师不同的等级和地位，不能逾越和混淆。

三、功能性

职业装区别于日常服装的另一特点是具有很强的功能性，为了适应不同的工作环境，职业装在设计制作时要满足很多的实用功能。例如，服装材料的选择要符合岗位工作的性质，需要综合考虑面料的生物性能和加工性能；服装的款式设计、配饰设计也都要受特定的工作环境的制约，要符合岗位操作的便利性以及科学性。例如：酒店的客房服务员、行李员、水电维修工等，他们都有规范的行业操作行为，给他们设计职业装时，一定要了解他们的工作操作习惯，对于有经常性弯腰、抬手、下蹲等动作的人员，其服装要有一定的活动舒适性，以方便他们的操作。同时还要考虑到酒店对服装挺括、耐洗、耐脏等功能的要求，选择恰当的面料，让着装者从心理到生理都能感受到服装带来的便利和保护。

四、标识性

职业装的另一个重要作用就是帮助穿着者树立行业、企业形象，树立自身工作角色的特定形象。

职业装的标识性具有服装精神性方面的重要性质，从中可以区别着装者的社会经济地位、工作环境、文化素质和性别等差别。员工穿着职业装既是个人形象的包装，也是企业形象的体现，从企业员工的着装和言行举止就能窥探出企业的文化和内涵。尤其是在酒店类服务性行业中，利用特定的服饰形制，既能体现出不同酒店的文化和定位，又具有完整的企业标识识别系统，使员工之间、主宾之间便于识别，从而促进工作中的联系和协调，提高工作效率。

五、审美性

在满足以上职业装特性的前提下，应充分考虑职业装的款式、色彩以及面料的审美性和装饰感。例如，吸取时尚元素，在款式设计时注意细节的时尚感；色彩上注意流行色的运用以及色彩美学功能的发挥。运用流行元素和设计技巧，提升着装者的形象美感，不仅有利于提升着装者的自信心和增强工作的积极性，还有助于增强沟通中的亲近感，树立良好的企业形象和个体形象。

第四节　职业装发展简史

一、西方职业装的发展

17 世纪中叶，随着制造业的兴起，波旁王朝专制下兴盛起来的法国取代荷兰成为欧洲的商业中心。从这时起，巴黎逐渐成为欧洲乃至世界时装的发源地。

17 世纪 60 年代以后的路易十四时代，及膝的外衣"鸠斯特科尔"和比其略短的"贝斯特"无袖背心，以及紧身和体的半截裤"克尤罗特"一起登上历史舞台，构成了现代三件套职业装的雏形（见图 1-1）。鸠斯特科尔前门襟扣子一般不扣，要扣一般只扣腰围线上下的几粒——这就是现代的单排扣西装一般不扣扣子不为失礼、两粒扣子只扣上面一粒这一穿着习惯的由来。

法国路易十六时代，男士上衣开始去除多余的量，衣摆不再夸张，上衣称为"夫拉克"，其最大特点是门襟自腰围线起斜着裁向后下方，这是向下个时代的燕尾服迈出的第一步。此时，"贝斯特"缩短到腰围线或略长一点，形成现代西式背心的前身（见图1-2）。1789年，法国大革命中的革命者把长裤"庞塔龙"作为对贵族紧身半截裤"克尤罗特"的革命来穿用。

图1-1 现代三件套职业装的雏形   图1-2 法国路易十六时代男装三件套

（图源：《世界服饰史图典》）   （图源：《世界服饰史图典》）

1760—1860年，西方世界（以英国为首）发生了第一次产业革命，又称"工业革命"，这是欧洲乃至全世界工业发展的里程碑，也是世界服饰文化发展的一个重要契机。第一次产业革命对人类服饰发展进程、特别是对职业服装的产生和发展有着深远的影响。第一次产业革命使机械化生产代替手工成为可能，造就了规模巨大的工厂和庞大的产业工人队伍。在多工种、多工序的大工厂里，在众多问题中，严格工种标识、严格劳动纪律、保证劳动效率、保证安全生产，不仅直接关系到工厂正常的生产与生存，而且直接决定着产业的正常运行与发展。此时，服装的标识功能与防护功能便显示出它们无与伦比的协助管理的能力，发挥着安定生产环境、严肃生产秩序、保证生产持续顺畅的卓越作用。于是，利用服装来区分工种、标明职务（职责），通过服装的保护功能来保证劳动者的安全，以使生产得到顺利进行成为产业界的共识，当时大工业内普遍使用职业服装，职业服装成为工业革命与职业文明的一个硕果（见图1-3）。

图1-3　职业服装

（图源：https://baijiahao.baidu.com/s?id=17782407564206413110&wfr=spider&for=pc）

第一次产业革命以新的纺纱机械技术为特征，纺织业一系列技术上的革新，使英国成为"世界的工厂"。1780年，英国出现了毛料"夫拉克"，这种朴素、实用的夫拉克外套成为男装的定型，英国逐渐确立了男装流行的主导权。

继英国之后，法国、德国等相继完成了工业革命，欧美各国开始出现铁路（职业）服、邮政（职业）服和炼钢（职业）服，稍后出现了制造业（职业）服，潜水服、登山服等也相继问世。在以劳动保护为主的职业服装被工矿企业大量使用后，另一类以形象标识为主要使用目的，专为商店、酒店、企事业单位服务的职业服装也随之获得发展。与此同时，以标识性为主的职业服装进入了课堂，学生服、教师服、学位服被普遍采用。

在英国主导世界男装形制的同时，在政治体制方面，英国是世界上最早建立常任文官制度的国家，并且发展得比较完备，在西方各国的文官制度中具有典型的代表性。特别是在第二次世界大战之后，英国的文官制逐步延伸为欧洲主流国家的公务员制，后来美国、日本的公务员制度也经历了从效法欧洲到本土化的一个过程。在不断的发展完善中，国际社交界着装惯例和着装原则的TPO①系统逐渐形成。伴随着欧洲公务员制度的建立，现代意义上的公务（行政）职业装逐渐形成，后来扩

①　TPO，即着装时要考虑到时间（time）、地点（place）、场合（occasion）。

大到工商界。至今，西服套装已经在全球范围内成为人们在职业场合最常见的着装。由于英国的文官制是建立在绅士制基础之上的，因此英国绅士的一切规制都深刻影响着文官制，也深刻影响着当今国际化的公务员制。

19世纪50年代以前，西装并无固定式样，有的收腰，有的呈直筒型，有的左胸开袋，有的无袋（如图1-4所示）。1850—1870年，朴素而实用的英式黑色套装在资产阶级实业家和一般市民中得到普及，"男装系统"的现代化基本完成，它们由礼服（晚礼服、日礼服）、西服套装（外套、背心、裤子）和休闲装构成。欧洲男子服装以英国为模本，体现为三件套形式，追求上衣、背心、裤子同色同质的统一美。

图1-4　19世纪50年代以前的西装样式

（图源：https://zhuanlan.zhihu.com/p/544814601?utm_id=0）

自1870年发电机问世和1878年电力发动机使用以来，现代机械工业使人类迎来了一个快节奏、高效率的时代。机械工业的大发展、交通工具的改善、运动场的开辟，渐趋现代化的生活方式，使人们的着装审美观念也发生了根本性的变化，显露出新时代的气息。19世纪90年代，西装基本定型并广泛流传于世界各国，款式上的变化不再显著，而是随着潮流的演变在领型、肩形、口袋和扣子等细节处进行风格的变化。

第一次世界大战期间，受军服性能的影响，出现了一个新学科——人体工程学，主要研究工业产品与人体之间的关系，要求产品要有利于人体的健康和活动，职业服装的功能性越来越受到重视。

　　20 世纪前半叶，商务职业服装以西服套装为模板。商务职业服装作为一种由西服套装发展而来的服装形制，受到了男士西服套装文化的影响。20 世纪 30 年代至 40 年代，男西装的特点是宽腰小下摆，肩部略平宽，胸部饱满，领子翻出偏大，袖口和裤脚较小，凸显男性挺拔的线条美和阳刚之气（如图 1-5 所示）。20 世纪 60 年代中后期，男西装普遍采用斜肩、宽腰身和小下摆，领子和驳头都很小（如图 1-6 所示）。

图 1-5　20 世纪 30 年代至 40 年代男西装样式

（图源：https://zhuanlan.zhihu.com/p/541642718?utm_id=0）

图 1-6　20 世纪 60 年代中后期男西装样式

（图源：https://zhuanlan.zhihu.com/p/587409263?utm_id=0&wd=&eqid）

　　20 世纪 70 年代末期至 80 年代初期的男西装，腰部较宽松，领子和驳头大小适中，裤子为直腿形，造型自然匀称（如图 1-7 所示）。随着社会文化、科学技术发展和女权运动的兴起，越来越多的受过较高水平文化教育、有一定专业技术能力的知识女性走向社会，参加非体力劳动性质的工作，职业女装问世。职业女装集时尚与实用为一体，区别于休闲装、晚装、旅游装，对社交场合的适应性很强（如图 1-8 所示）。

图 1-7　20 世纪 70 年代末期至 80 年代初期男西装样式

（图源：https://baijiahao.baidu.com/s?id＝1716282233602420751）

图 1-8　职业女装

（图源：https://www.sohu.com/a/470526688_526635）

随着科学技术日益进步，人们探索宇宙奥秘的热情不断升温，于是，宇航服、极地服相继问世。职业服装的功能更加向着贴近工种和作业要求的方向发展，仿效野战军服防风、防雨、隔热、绝缘等性能的服装相继加入了职业服装的行列。

自 20 世纪 80 年代至今，随着以人为本的设计观念在西方的兴起，职业服装的功能不断深化，科技含量不断增大，特种防护职业服装的发展已形成了时代特色。防弹服、防毒服、抗菌服、阻燃服、防灼伤服、抗油拒水服、防水透湿服、射线防护服、防热辐射服等，体育运动中至关重要的摩托车防摔服、高弹力紧身运动服都是这一时期研制成功的。至此，职业服装具备的功能，已基本上囊括了人类职业的最大范围。西方职业装系统已逐渐从"大服装系统"中分离出来，成为一个相对独立的"职业装分系统"，形成具有自身特性的、规律的、有别于其他服装大类的，包括研究、开发、设计、生产、销售、使用等方面的服装价值体系和理论研究体系。

二、中国职业装的发展

虽然现代职业装在中国出现和使用的时间不是很长，但这不能说明中国没有职业装的历史和观念。例如：中国古代的军队服装和各朝各代的官服，就是标准的职业装。这些军服和官服具备复杂而严格的等级标识，从袍的服色、花纹到配饰的冠、革带等都有详细而严格的规定，通过这些等级标识可以追溯隐藏在服装背后的深厚文化。

除了国家规定的服饰制度，中国古代各行各业也有约定俗成、特定制式的服装，具有职业装的特性。《后汉书·舆服志》中写道："尚书帻收，方三寸，名曰纳言，示以忠正，显近职也。"据史学家研究，从汉代开始至唐朝，旅店从业人员只能穿未经染色织物裁制的服装，到宋代只允许穿白、皂两色，到明清仅可穿皂色，正如京剧中常见的，开旅店的全是一身黑色布衣衫。宋代孟元老的笔记体散记文《东京梦华录》中，描述当时汴梁城镇市井经济盛况时，也写道："其士农工商、诸行百户，衣装各有本色，不敢越外。诸如香铺里香人，即顶帽披背；质库掌事，即着皂衫角带不顶帽之类。街市行人，使认得是何色目。"宋代的诸多画作（如《清明上河图》《吕洞宾过岳阳楼图》等），均有酒楼、食店经营形态的表现，从中不难窥见大宋酒店餐饮业的繁荣。从这些画作中我们基本可以总结出酒店服务员

（酒保、店小二、店伙计、跑堂等）的着装基本是头巾、窄袖短衣、小口长裤，炎热季节则会有白色裲裆上衣出现（如图1-9所示）。职业装在中国的出现和使用可谓源远流长，只不过人们没有专门将这类服装冠名为职业装。

图1-9 清明上河图（局部）

（图源：http://www.yunnanlong.com/c/214845.html）

从近代开始，外来的思想和物质在很大程度上改变了中国人的着装观念和方式。鸦片战争以前，清朝统治者采取闭关锁国的政策，使中国一直处于与外部世界隔离的状态。1840—1842年，英国对中国发动了侵略性的战争——鸦片战争。英帝国主义占据中国多个港口和城市，开办实业并直接管理，随着银行、铁路、矿山、海关、邮政、医院、加工制造等行业的兴起，英国企业管理相关的规章也被引入中国，职业服装便是其中的一个内容，称为"制服"（如图1-10所示）。在当时的中国，由英国人管理的邮政局就规定，邮政人员必须穿邮政服，夏服为蓝色，冬服为蓝灰色。那时，中国人已能从停泊在港口的远洋轮上进出的外国海员中，看到等级标志非常鲜明的西方制服（职业服装）了。1900年，八国联军侵占中国后在各地建立了租界，在他们所办的实业和所建的工厂里，规定穿着职业服装，西方的服装工艺传入了中国，社会上有大量"洋服"（西式服装）出售。随着留学生们不断出国、归国，制服、洋装逐渐被一部分人接受（如图1-11所示）。

图 1-10　英国交通制服的引入

（图源：https://baijiahao.baidu.com/s?id=1560260196388170&wfr=spider&for=pc）

图 1-11　留学生们的制服、洋装

（图源：网易号 张情话留学）

民国时期，受西风东渐的影响，喜欢着西式服装的人越来越多，西装（又称"洋装""西服""洋服"等）泛指西式的正式套装。1911 年，孙中山先生参照西服结构，结合中国传统服装紧领宽腰的特点，将东南亚华侨群体中流行的"企领文装"加以改进，其形制为：立翻领，对襟；前襟五粒扣，代表五权分立（行政、立法、司法、考试、监察）；四个贴袋，表示国之四维（礼、义、廉、耻）；袖口三粒扣，表示三民主义（民族、民权、民生）；后片不破缝，表示国家和平统一之大义，裤子为直筒裤，给人挺拔、庄重、大方的感觉，世称"中山装"（如图 1-12 所示）。

图 1-12 中山装的形制及含义

（图源：http://hfdtfs.com/display.asp?id=894）

1929 年，中华民国国民政府颁布服制相关的条例，其中主要对礼服和制服做出了规定（如图 1-13 所示），首次将制服形式引入人们的日常生活，这是中国服装发展史上一次标志性事件。其中，男子制服延续了孙中山所穿服装的式样，并将礼服形式规定为传统的褂、袍式样，以期能够实现服饰变革的双轨制。女子制服和礼服式样一致，即旗袍正式成为官方认可的标准女服式样，人们无论在生活中还是在工作中都可以穿着。

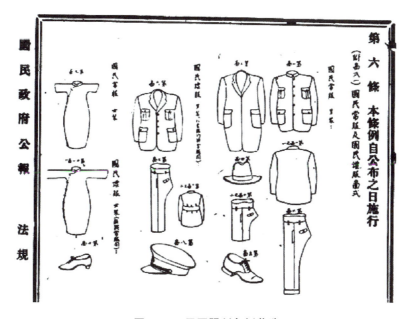

图 1-13 民国服制条例节选

（图源：https://www.guancha.cn/chunmeihuli/2019_03_19_494076.shtml）

　　1949 年中华人民共和国成立以后，中国人的着装开始出现整齐划一的趋势，一些典型的服装样式和着装方式普及程度十分惊人，其中列宁装、中山装就是典型代表，成为中国早期的职业装样式。由于国家领导人都穿中山装，因此中山装成为当时中国最庄重也最为普遍的服装。后来，有人根据中山装的特点，设计出了款式更简洁明快的"人民装""青年装"和"学生装"。还有一种稍加改进的中山装，就是将领口开大，翻领也由小变大，很受人们欢迎。当时，国家领袖毛泽东就特别喜欢穿这一款式的中山装。开国大典时，国家领导人第一次在天安门城楼上集体亮相，领导人们身穿中山装的形象引起世界瞩目。

　　自 1949 年中华人民共和国成立至改革开放前，我国政府不仅先后颁布了邮电、铁道、海关、海运、医务等行业的职业服装，军队、警察服装和中、小学生校服，而且制定了大量的法规，包括劳动法规，其中对劳动卫生（职业卫生）特别关注。《中华人民共和国宪法》还规定了"加强劳动保护"，除规定劳动者有适当的休息时间外，对特殊工种（特殊职业种类），如在高温、高空、井下、有毒等环境工作的从业人员及女职工进行特殊保护；规定在生产劳动过程中，为了确保劳动者的安全和健康，要向劳动者个人发放"防护用品"。在中国有些地区和企业，职业服装又被称为"劳保服"或"工作服"。"文化大革命"期间，许多行业制服被废除了，"文化大革命"结束后，才逐渐恢复。

　　改革开放初期，对外交流频繁，酒店业迅速发展，行业职业装的变革最早出现在酒店业和文职业领域，这时制服的形制大多依赖国外的西服形制（如图 1-14 所示）。中国受改革开放的推动，国际交往频繁，第一、二、三产业全面发展，服装工业空前振兴，为职业服装的高速发展提供了极为有利的条件。1979 年以来，根据国内产业发展的需要，我国政府及相关机构相继规定了很多制服的形制，陆续颁布了民航服、远洋外轮服、石油工人服、交通监督服、工商管理服等形制规定。1987 年，为了发展中国服装事业，中国服装研究设计中心成立，考虑到职业服装的研制，专门建立了"特种功能"（职业服装）研究室，主要从事科技开发工作。

图 1-14　改革开放初期酒店制服

（图源：https://www.sohu.com/a/284751761_395910）

进入 20 世纪 90 年代，职业服装已被认为是上班族必备服装，西方"职业女装"的概念也被引进中国，这种集时髦与实用为一体的新型时装，迅速成为白领女性的办公室工作服，甚至被穿入社交场合，从而形成潮流。外来的思想和物质在很大程度上改变了中国人的着装观念和方式，如"干什么穿什么"就是现代职业装的基本理念。随着我国现代服务业的发展，商业、保险业、金融业、电信业、酒店业成为职业装应用的主流领域。

2001 年 12 月，中国正式加入世界贸易组织（world trade organization，WTO，是一个独立于联合国的永久性国际组织），服装的国际化也更加普及。国际通行的西服套装成为主流，成为一家企业或单位具有国际化视野的标志。

当下，随着"Z 世代"消费群体崛起，年轻一代进入职场，新的审美趣味必然要求职业装显现新的面貌。后千禧一代对于正装的理解和使用开始转向个性化、多元化，甚至正装和休闲装、运动装的界限也开始变得模糊，在搭配上，多种元素也常常混搭，西装作为职业装的基本形制逐渐改变，形成了新的穿衣风格。因此，如何使传统职业正装符合时尚、个性的需求，这是职业装设计从业者面临的一个挑战。

第二章 酒店制服设计基础知识

第一节 酒店业发展简史

一、世界酒店业发展简史

"酒店"一词来源于法语，当时的意思是贵族在乡间招待贵宾的别墅，国内也称为"酒店""宾馆""旅店""旅馆"等，其基本定义是提供安全、舒适、令使用者得到短期的休息或睡眠空间的商业机构。回顾世界酒店业发展的历史，古代客栈只不过向旅行人士提供简单的食宿；而今，酒店业经过3 500多年的发展，特别是经过近几十年的发展，现在的酒店业除了主要为游客提供住宿服务外，亦提供餐饮、娱乐、购物、宴会及会议等服务内容。

概括来讲，世界酒店业的发展可以归纳为四个时期。

（一）古代客栈时期

最早的客栈设施简陋，大多设在古道边、车马道路边或是驿站附近，仅提供基本食宿，无非一幢大房子，内有几间房间，每个房间里摆了一些床，旅客们往往挤在一起睡，并没有更多的设施。当时的客栈声誉差，被认为是赖以糊口谋生的低级行业。客人在客栈内缺乏安全感，诸如抢劫之类的不法事情时有发生。

美国最早的旅馆出现在18世纪，兴建在主要港口，以私人住宅的一部分或马房、农舍等作为住宿设施，没有服务功能和商业色彩。18世纪中后叶，酒店的设施和服务质量有了显著的改善，尤其在欧洲大陆，其经营和服务逐渐走向成熟。

（二）大酒店时期

18世纪后期，随着工业化进程的加快和民众消费水平的提高，为了方便贵族度假者、上层人物以及公务旅行者，酒店业有了较大的发展。旅馆不仅作为食宿设施，也成了重要的社交场所。

1794 年，第一座美国式的旅馆——城市旅馆（City Hotel）在纽约开业，拥有 73 间普通房间，是当时美国最大的旅馆，也是纽约著名的社交中心。而堪称第一座现代化酒店的特里蒙特酒店（Tremont House）于 1829 年在美国波士顿落成，这座酒店设有 170 间客房，其规模在当时十分可观。它的出现为新兴的酒店行业确立了标准。该酒店不仅客房多，而且设施设备较为齐全，服务人员也经过培训，能给客人一定的安全保障。特里蒙特酒店是酒店历史上的一座里程碑，它推动了美国酒店的蓬勃发展，其中包括 1832 年在纽约建成的著名的阿斯特酒店（Astor House）。

19 世纪末 20 世纪初，美国出现了一批豪华酒店，其中有些酒店（如纽约的广场酒店）至今仍称得上是美国的一流酒店。这些酒店崇尚豪华，供应最精美的食物，布置最高档的家具摆设。恺撒·里兹（César Ritz）开办的酒店，可以说是当时豪华酒店的代表。讲究排场的里兹酒店，聘用了一代名厨埃斯考菲尔（G. A. Escoffier），使得酒店菜肴精美绝伦、无可比拟。

（三）商业酒店时期

20 世纪初，当时世界上最大的酒店业业主埃尔斯沃思·密尔顿·斯塔特勒（Ellsworth Milton Statler）为满足旅行者的需要，在斯塔特勒酒店（Statler House）的每间客房都设了浴室，并制定统一的标准来管理他在各地开设的酒店，增加了不少方便客人的服务项目。

商业酒店时期，汽车、火车、飞机等交通工具给交通带来了极大便利，许多酒店设在城市中心，汽车酒店设在公路边。这一时期的酒店，设施方便、舒适、清洁、安全。服务虽仍较为简单，但已日渐健全，经营方向开始以客人为中心，酒店的价格也趋向合理。

1907 年以后，美国各地相继出现了规模更大和设施更现代化的酒店，1912 年，纽约市的麦克阿尔宾酒店开业，该酒店高 25 层，拥有 1 700 间客房。1928 年，芝加哥市的斯第文斯酒店开业，当时耗资 2.8 亿美元，拥有客房 2 400 间，职工 2 200 名。1947 年，美国希尔顿酒店开始国际连锁经营。

（四）现代新型酒店时期

第二次世界大战结束后，由于经济逐步恢复并开始走向繁荣，人们日益富裕，交通工具日益便利，酒店需求剧增，一度处于困境的酒店业又开始复苏。

旅游业和商务的发展对传统酒店越来越不利，许多新型酒店大批出现。现代新型酒店时期，酒店面向大众旅游市场，许多酒店设在城市中心和旅游胜地，大型汽车酒店设在公路边和机场附近。

这个时期，酒店的规模不断扩大，类型多样，开发了各种类型的住宿设施，服务向综合性方面发展。酒店不但提供食宿，而且提供旅游、通信、商务、康乐、购物等多种服务，力求尽善尽美，酒店集团占据着越来越大的市场。

在这一时期，酒店的主要特点是：

（1）接待对象更加大众化

第二次世界大战后，各国都致力于发展本国经济。随着经济的发展、交通业的不断革命、旅游业的发展，酒店接待的客人已不再局限于商务旅行者，日益增多的观光旅游者成为酒店业一大客源。

（2）多功能化

为了适应现代旅行者的要求，酒店经营朝多功能化方向发展，除了具备基本的食宿功能外，还增加了客人问信服务、外币兑换服务、洗衣服务、房间用餐服务、电话服务、医疗服务、按摩服务、健身服务、邮电服务、交通服务、保安服务等。此外，还提供游泳池、会议室、网球场、健身房等设施等供住店客人使用。

（3）酒店类型多样化

为了满足不同客人的需要，这一时期的酒店业开始朝多样化方向发展，出现了会议型酒店、商务型酒店、度假型酒店以及各种特色酒店，人们能按照自己的需求进行更多选择。

（4）集团化

随着酒店业竞争的不断加剧，酒店日益走上了集团化经营的道路。当今世界上的许多酒店被一些大的酒店集团所控制，如希尔顿酒店、假日酒店、喜来登酒店等身边随处可见的酒店都是跨国经营的著名酒店集团。

二、中国酒店业发展简史

（一）中国古代酒店业

中国最早的酒店设施可追溯到 3 000 多年前的商、周时期，唐、宋、明、清被认为是酒店业发展较快的时期。中国古代的住宿设施大体可分为官办设施和民间旅馆两类。

古代官方开办的住宿设施主要有迎宾馆和驿站两种。迎宾馆的名字最早见于清末，在此之前，如春秋战国时期官方开办的住宿设施称为"四夷馆"等。迎宾馆是古代官方用来款待外国使者、外民族代表及客商，安排他们食宿的舍馆。民间旅馆主要是旅店、客店等。

（1）驿站的起源

据历史记载，中国最古老的一种官方住宿设施是驿站。在中国古代，通信工具简陋，统治者政令的下达、各级政府间公文的传递以及各地区之间的书信往来等，都要靠专人来递送，称之为"驿传制度"。历代政府为了有效地实施统治，必须保持信息畅通，因此一直沿袭了这种驿传制度。与这种制度相适应的为信使提供的住宿设施应运而生，这便是闻名于世的中国古代驿站。从商代中期到清光绪二十二年（1896年）止，驿站长存三千余年，这是中国最古老的旅馆。

（2）中国早期的迎宾馆

我国很早就有了设在都城、用于招待宾客的迎宾馆。春秋时期的"诸侯馆"和战国时期的"传舍"，可以说是迎宾馆在先秦时期的表现形式。此后历朝历代都分别建有不同规模的迎宾馆，并冠以各种不同的称谓。清末，此类馆舍正式被命名为"迎宾馆"。古代中华各族的代表和外国使者都曾在迎宾馆住过，它成为中外往来的窗口，人们透过迎宾馆这个小小的窗口，可以看到政治、经济和文化交流的盛况。

我国早期迎宾馆原为政府招待使者的馆舍，但随同各路使者而来的还有一些商客，他们是各路使团成员的一部分。他们从遥远的地方带来各种各样的货物，到繁华的都城贸易，然后将土特产运回本国出售，繁荣了远程贸易。我国早期迎宾馆在当时的国内外政治、经济、文化交流中，是不可缺少的官方接待设施，它为国内外使者和商人提供了精美的饮食和优良的住宿设施。

（3）民间旅店和早期城市客店

古人对旅途中休憩食宿处所的泛称是"逆旅"。后来，逆旅成为古人对旅馆的书面称谓。逆旅为旅店的发展奠定了基础。西周时期，投宿逆旅的人皆是当时的政界要人，民间旅店补充了官办馆舍之不足。到了战国时期，中国古代的商品经济进入了一个突飞猛进的发展时期，工商业越来越发达，进行远程贸易的商人已经多有所见。一些位于交通运输要道和商贸聚散枢纽地点的城邑，逐渐发展为繁盛的商业中心。于是，民间旅店在发达的商业交通的推动下，进一步遍布全国，大规模的旅店业就此形成。

我国早期的民间旅店的大发展，使它在早期城市建设中逐渐有了一定的地位，并与城市人口产生了密切的联系。城市人口，一般由固定人口与流动人口两部分构成。流动人口中的很大一部分，是在城市旅馆居住的各地客人，这些客人主要是往来于各地的商人，以及游历天下的文人、官吏等。

（二）中国近代酒店业

由于帝国主义的侵入，近代中国沦为半殖民地半封建社会。当时的酒店业除了传统的旅店外，还出现了西式酒店和中西式酒店。

（1）西式酒店

西式酒店是对 19 世纪初外国资本侵入中国后兴建和经营的酒店的统称。这类酒店在建筑式样和风格、设备设施、酒店内部装修、经营方式、服务对象等方面都与中国的传统客店不同，是中国近代酒店业中的外来成分。

1840 年第一次鸦片战争以后，随着《南京条约》《望厦条约》等一系列不平等条约的签订，西方列强纷纷侵入中国，设立租界地，划分势力范围，并在租界地和势力范围内兴办银行、邮政、铁路和各种工矿企业，西式酒店开始出现。至 1939年，在北京、上海、广州等 23 个城市中，已有外国资本建造和经营的西式酒店近80 家。处于发展时期的欧美大酒店和商业旅馆的经营方式，也于同一时期，即 19世纪中叶至 20 世纪初被引进中国。

（2）中西式酒店

西式酒店的大量出现，刺激了中国民族资本向酒店业投资。民国时期，各地相继出现了一大批具有"半中半西"风格的新式酒店。这些酒店在建筑式样、设备设施、服务项目和经营方式上都受西式酒店的影响，一改传统中国酒店大多是庭院式或园林式并且以平房建筑为主的风格特点，多为营造楼房建筑，有的纯粹是西式建筑。中西式酒店不仅在建筑风格上趋于西化，而且在设备设施、服务项目、经营体制和经营方式上也受到西式酒店的影响。酒店内设有高级套间、卫生间、电灯、电话等现代设备，餐厅、舞厅、高档菜肴等应有尽有。饮食上除了中餐外，还以供应西餐为时尚。这类酒店的经营者和股东多是银行、铁路、旅馆等企业的联营者。中西式酒店的出现和仿效经营，是西式酒店对近代中国酒店业产生很大影响的一个重要方面，并与中国传统的经营方式形成鲜明对照。从此，输入近代中国的欧美式酒店业的经营观念和方法逐渐中国化，成为中国近代酒店业中引人注目的一部分。

（三）中国现代酒店业

中国现代酒店业的发展历史虽然不长，但自实行改革开放政策以来，无论是行业规模、设施质量、经营观念还是管理水平，都取得了较快的发展，酒店等级的划分与管理愈加细化与严格。国家 GB/T14308-1997 的标准对不同星级酒店的划分是以酒店的建筑、装饰、设施设备及管理、服务水平为依据，具体的评定办法按照国家旅游局颁布的设施设备评定标准、设施设备的维修保养评定标准、清洁卫生评定标准、服务质量评定标准、宾客意见评定标准五项标准执行。这个标准适用于所有旅游涉外酒店，包括各种商务型、观光型、度假型酒店，涵盖的内容涉及安全、卫生、环境和建筑等的硬件要求，同时还有内部管理机构的设置、服务人员素质等软件要求。

改革开放四十多年来，我国的酒店业随经济的长足发展而趋于完善与规范，酒店文化也日趋丰富，给人们的生活带来了更多的便利和选择，旅游、运动、娱乐等已是人们生活中不可或缺的一部分，酒店文化也不再是原来意义上的住宿、餐饮文化，它不仅反映了一个地区的经济水平、物质生活水平，更是人们追求精神文明的一个产物。

现代酒店文化包含的内容极为丰富和广泛，无论是建筑形式、住宿环境、餐饮品类，还是娱乐方式、购物特色等，都透射着不同地区的风土文化、风俗人情；酒店的服务设施与服务水平也体现着人们对生活样式、生活质量的认知与追求。面对这样规范化、国际化的要求，酒店形象与酒店文化的塑造是至关重要的。酒店制服是酒店文化的重要组成部分，成为酒店一道亮丽的风景线。

酒店业的发展历史，为我们研究酒店文化的内容、设计有特色的酒店制服提供了丰富的文化底蕴，服装设计师应该了解和关注酒店业的发展历史以及酒店文化的发展趋势，这样才能设计出具有独特文化内涵和时代感的酒店制服。

第二节　酒店的类型

根据不同的划分标准，可以将酒店划分为以下几种类型：

一、根据酒店等级分类

酒店等级是指一家酒店的豪华程度、设备设施水平、服务范围和服务质量。

酒店分级有利于保护消费者的利益，便于消费者了解酒店、选择酒店，可以保证向消费者提供与其所支付的价格相符合的酒店服务；便于政府加强行业管理，对酒店的经营和管理进行监督。从经营的角度看，酒店分级有利于明确酒店市场定位，有利于同行之间的公平竞争，促进酒店业的发展。

目前国际上有许多种酒店等级制，有的是行业协会制定的，有的是各国政府部门制定的。虽然世界各国酒店等级划分的标准和方法不尽相同，但各地酒店分级制的依据和内容却十分相似，通常都从酒店的地理位置、环境、气氛、设施、服务、管理等方面进行评价确定。

分级制度在欧洲尤为普遍，一般分级以星"★"表示，比较通行的是五星级别，星越多，等级越高。

我国于1988年首次公布实施了《中华人民共和国旅游涉外酒店星级标准》。该标准规定我国酒店的星级评定依据主要是：酒店的建筑、装潢、设备设施条件和维修保养状况好坏、管理水平和服务质量的高低、服务项目的多寡等，星级评定结果为一至五星五个等级。一星级酒店为经济级；二星级酒店为一般级；三星级酒店为中等级；四星级酒店为上等级；五星级酒店为豪华等级。由于该标准与我国社会经济发展水平和对外开放程度迅速提高的现状已不相适应，为促进旅游酒店业的管理和服务更加规范化和专业化，使之既符合本国实际又与国际发展趋势保持一致，国家旅游局和国家质量监督检验检疫总局重新修订颁布了《旅游酒店星级的划分与评定》，并从2003年12月1日开始实施。新的标准首次提出了在原有设定的五个星级基础上，在五星级酒店中，增加和包含一个新的等级——白金五星级。获得白金五星级的酒店，档次更高、更豪华。新标准还打破了星级终身制，规定旅游酒店使用星级的有效期为五年，五年以后根据相关标准重新评定。新标准增强了酒店选择服务项目的灵活性，提高了旅游酒店管理制度建设的要求，增加了酒店品牌、总经理资质、环境保护等内容。

从整体上看，酒店星级越高，服务的规范程度就越高，各部门的分工也越细，服饰的区别以及对制服的设计要求也越高，按照国际着装惯例进行服饰搭配的要求也越高。因此，服装设计师设计酒店制服前一定要先了解该酒店的级别，酒店员工制服设计一定要与该酒店的等级相吻合，制服要有区别员工不同工种和等级的主要标识、色彩和款型，这样既便于内部人员的联系、协调，也能给消费者和外来人员带来极大的方便。

二、根据宾客特点分类

现代社会经济飞速发展，人们生活方式的丰富以及生活水平的不断提高，个性化消费需求的差异越来越大。在这个前提下，酒店的服务内容和风格也不断追求自己的特色，以满足不同消费者的需要。不同类型的酒店，接待和服务的客户群各有特点，服装设计师在进行酒店制服设计之前，了解酒店的目标消费群类型和服务项目，有助于借助特定的服装形式更鲜明地树立酒店形象。

（一）商务型酒店

商务型酒店主要以接待从事商务活动的客人为主，是为商务活动服务的。这类客人对酒店的地理位置要求较高，要求酒店靠近城区或商业中心区。其客流量一般不会受季节的影响而产生大的变化。酒店设施简洁而富有现代感，以快捷、方便、实用、现代为特色，如汉庭酒店。

（二）度假型酒店

度假型酒店主要是为宾客旅游、休假、疗养等提供食宿及娱乐活动的一种酒店类型，多兴建在海滨、温泉、风景区附近，开辟有种类繁多的娱乐、健身活动项目，如垂钓、爬山、滑雪、潜水、冲浪、网球、高尔夫球等，以此来招徕、吸引游客。其经营的季节性较强，在饮食、装修等各方面应能体现当地的特色，如三亚天泽海韵度假酒店。

（三）公寓式酒店

公寓式酒店面向长期住宿的客人，包括长驻出差的商务人员、长租的家庭等，一些客户甚至把公寓式酒店作为半永久性的住所。此类酒店客房多采取家庭式结构，以套房为主，房间大者有可供一个家庭使用的套房，小者有仅供一人使用的单人房间。它既提供一般酒店的服务，又提供一般家庭的服务，配备有厨房、全套家具与家电。在公寓式酒店，顾客既能享受酒店提供的殷勤服务，又能享受居家的快乐。

（四）会议型酒店

会议型酒店主要是指专门承接各种类型的国内会议、国际会议、商贸展览、科技讲座等活动的酒店。这类酒店除提供食宿娱乐外，还为会议代表提供接送站、会议资料打印、录像摄像等服务，要求有较为完善的会议服务设施（大小会议室、多功能厅、同声传译设备、投影仪等）和功能齐全的娱乐设施。

（五）经济型酒店

经济型酒店又称"有限服务酒店"，其最大的特点是房价便宜，功能简化，服务项目去除了住宿以外其他非必需的服务，特点可以说是快来快去，总体节奏较快，如锦江之星、如家、7 天连锁等各种快捷酒店。

（六）个性化主题酒店

个性化主题酒店以某一特定的主题来体现酒店的建筑风格和文化氛围，让顾客获得富有个性的文化感受；同时将服务项目融入主题，以个性化的服务取代一般化的服务，让顾客获得欢乐、知识和刺激。历史、文化、城市、自然、神话和童话故事等都可成为酒店借以发挥的主题，如迪士尼乐园酒店、景德镇青花主题酒店等。

第三节　酒店组织机构设置及岗位特点

酒店组织机构是一个庞大的系统，具有工种多、分工细的特点。酒店制服应针对酒店组织机构中不同岗位要求，在款式、色彩和面料上有相应的变化或特点。我们可以将酒店内部的岗位粗略地分为"前方"与"后方"。

所谓的"前方"，是指工作中需要与客人有直接接触、直接服务于客人的岗位，如门童、行李员、保安、总台服务员、大堂经理、餐厅服务员、客房服务员、娱乐中心服务员、商务中心服务员以及各个部门经理等；所谓的"后方"，是指工作中不直接或很少有机会面对客人的岗位，如水电工、厨师、后勤工作人员、行政管理人员等。

常见的划分方法如下：

一、前厅部

前厅部的岗位包括大堂经理、总台接待、礼宾、门童、行李生等。

大堂经理的形象要稳重、大方。服装通常以西服为基本款型，比一般职员增加"隆重"的元素、沉着的色彩、上乘的面料和精致的做工，传达出管理人员的沉稳、老练与庄重的气质。

总台职员是与客人语言交流最多的岗位，应给人以礼貌、友善之感，表现出训练有素、有条不紊的工作状态，服饰要有酒店的标识性特点。因为这个岗位较少有肢体动作，所以款式设计可侧重考虑静态美，装饰也多集中在上半身。

礼宾、门童是客人光临酒店时首先接触到的人员，他们是酒店形象的"窗口"，容仪性要求较高，以此也能判断星级酒店的水准。其服饰装饰性可以较强，但整体感觉要优雅，给客人一个愉悦的视觉感受。制服具有礼服性质，制服设计的层次可以多一点，可以利用褶桐、花边等装饰元素，给顾客以知礼懂节、盛情接待之感，因此礼宾、门童的制服是酒店制服中装饰手法运用最多的　类制服。根据形式美的法则，在领、袖、门襟、裤缝、帽子等处施以镶边、缎带，在肩部配以缨穗、绶带、肩章等，旨在通过各种装饰手法突出隆重的礼仪感，属于"加法"设计。

行李生制服应给人以刚劲有力、诚实可信之貌，出于功能性的需要，多采用短外套样式，必须减去一定的装饰份量。

二、商务部

商务部的岗位包括卖品部收银员、营业员等。

由于商务部的工作内容跟商品、财务有关，职业形象必须体现出认真、规矩、可靠的特点，服装的颜色相对含蓄、款式简洁大方，以成套的裙装、裤装居多，可以有少量细节上的装点，但不宜过于时尚化。

三、餐饮部

餐饮部的岗位包括各式餐厅、酒吧的迎宾、领座员、服务员等。

酒店的餐厅一般分为中餐厅、西餐厅，有的酒店还设有不同地域、民族特色的餐厅。餐饮部的制服应根据不同餐饮特色而体现出不同的风情。总的来说，服务员的服装应该给用餐者以清洁、灵便、愉悦的视觉感受。同时，由于工作特点，餐饮部工作人员的制服应满足一定的功能性，如上衣不宜过长，袖子不宜过宽过长。厨师的制服通常以白色或浅亮色为主色调，西式厨师制服的款式一般为立领偏襟双排扣的白色（或浅色）上装与深色裤搭配，上装的袖边、口袋、门襟等处可以用异色镶细滚边。厨师帽的高度和其他细节还需要体现出厨师的等级。

餐饮部的制服可以采用具有当地风土特点的面料或色彩，尤其是民族特色餐厅，应以充分表现民族特色为主。如果在中国特色的旅游酒店中设置了西餐厅，其服务员的制服则可以在西式制服形式中加一些有中国民族特色的细节，比如西式马甲饰以中国式的滚边、盘扣，让西式的褶桐衬衫配上中国式的立领等，以产生中西合璧的视觉效果。

四、客房部

客房部的岗位包括各级别的客房服务员、洗衣工等。

客房服务员这个岗位的工作人员的工作量大，通常一个人一天要分管十几个房间的清洁整理工作，动作幅度相对其他部门人员来说也要大一点，他们的服饰既要愉悦着装者自己，便利他们的工作，又要明显区别于其他岗位的服务员。客房服务员应给人以朴实无华、清洁勤快的印象，服装款式一般简洁利落，因工作性质运动幅度较大，整体款式以宽松为宜，裤装为主。从实用目的出发，色彩宜选用明度高、纯度低的灰色系列。

五、康乐中心

康乐中心的岗位包括桌球房、棋牌室、卡拉 OK 厅、健身房、桑拿中心的服务员等。

康乐中心的氛围是轻松愉悦的，服务人员的服装也应显得欢快而富有趣味，也更为时尚一些。服装的组合形式相对灵活，可以结合岗位的工作内容，以功能性为主，色彩倾向明快，图案形式相对丰富，服饰可以多些时尚元素。

六、安保部

安保部安全保卫人员的制服应力求表现出威武、庄严和稳健的形象，服装款式设计直线较多，多采用类似警服或军服的风格样式和色彩。头戴贝雷帽或圆顶有檐帽，腰束宽皮带，脚穿皮鞋或中统靴。在领、袖、门襟、裤缝处绲滚条或镶色块，前胸处绣徽章，并配以肩章、绶带和领带。因为他们的工作环境有室内与室外的变化，所以服装要考虑季节因素，还要有一定的活动舒适性，色彩以深色为主。

七、工程勤杂部

工程勤杂部的岗位包括维修工、花木工等。

工程勤杂部的工作劳动强度大，服装具有职业工装的特点，要求服装面料耐穿、耐污程度高，一般采用宽松的式样。口袋需方便放置各种随手用工具，可以给上衣和裤子安置一些不影响工作的贴袋、暗袋、斜插袋、复合式开贴袋等，从实用的角度，应尽量以拉链取代纽扣，以方便穿脱。设计中遵循"四严一简"的服装造型、结构的原则。"四严"指保持领口、袖口、下摆、裤脚四处服装结构转折处的封口严密，以达到防风、防寒、防湿、防尘的效果；"一简"指服装口袋的简练实用，以减少操作中由勾、缠、拉、绊造成的危险发生。

八、行政管理部

由于酒店中行政管理人员与客人的直接接触不多，因此服饰形制变化不必太多，以简洁明了为主。这类服装"模式化"的感觉较重，通常男士是西服套装，女士是裙套装。这种套装形式能表现出他们的权威感，对于体形不够理想的人来说，这种"模式化"的款式也有助于改善体形的不足之处。部门经理等行政管理人员的制服，可以采用一些西服的变化式样，在细节处（如领口、领结、袖口等处）进行变化设计；其服装以深色为主，上下装采用同质不同色或上浅下深的搭配形式，以显得严肃、稳重大方。制服的色彩以深色为主，以显示其权威感，行政级别低的岗位制服则可以选用明度、纯度相对较高的色彩，以显示着装者的干劲与活力。行政管理人员制服的面料则一定要选用高档耐用的材料，以显示酒店的档次。

第四节　酒店制服着装基本规范

作为职业制服类的酒店职业装，虽然属于非受限类制服，不受国家或政府明文规定的限制，但是酒店和企业一般会对制服的着装有较明确的规定，要求穿着人员规范、整洁、美观、统一，通过酒店制服统一的、有组织的、标准化的系统传播酒店文化，充分展示酒店形象。最基本的着装规范是：

（1）整齐。不挽袖，不卷裤，不漏扣，不掉扣；领带、领结、飘带与衬衫领口吻合且不系歪；内衣不能外露。如有工号牌或标志牌，要佩戴在左胸正上方，有的岗位还要戴好帽子与手套。

（2）清洁。衣裤无污垢、无油渍、无异味，领口与袖口尤其要保持干净。

（3）挺括。衣裤不起皱，做到上衣平整、裤线笔挺。

（4）大方。款式简洁，给人干练、专业的感觉。

（5）合身。

关于合身，具体表现如下：

①西服或者外衣的袖子袖长至手腕，在手臂下垂的时候不能过手腕盖到手掌。正装衬衫袖子长度要比西装袖子长，当把手抬起来的时候里面的衬衫可以露出一小截，如果露出一大截就说明衬衫太长或外衣太短。

②裤长至脚面，西服裤子或者其他裤子坐下来时可以露出脚踝，站起来时不会在脚面产生褶皱。

③衬衫领围以插入一指大小为宜，裤、裙的腰围以插入五指为宜。

④坐下来裙子长度应在膝盖上面一点，站起来裙子长度应在膝盖下面一点。如果站起来裙摆到了小腿，说明裙子太长，如果坐下来裙子到了大腿，说明裙子太短。

⑤无论上衣、裤子还是裙子，应该让穿着者处于比较自然放松的状态。如果穿起来能够看到横向紧绷的褶皱，就说明衣服太紧了，太紧的衣服会影响穿着者的自信。

第三章 制服设计基础款

所谓"基础款",从定义上来说,就是穿着率高、使用范围广的服装单品;从视觉效果上来说,这类服装单品的颜色和款式最为简单;从功能性上来说,这类服装单品能搭配出更多的服装风格,演绎出更多的风情。

目前主流职业制服的基础款主要包括七种品类:西装外套、衬衫、西裤、马甲背心、大衣外套、半身铅笔裙和直身连衣裙。职业制服常用的基础配饰主要有五种品类:领带、丝巾、口袋方巾、袜子和皮鞋。

各种基础款都可以有很多设计细节的变化,任何一个细节的修改,都有可能左右整件服装的风格倾向,彰显不同的时代特征,确立不同的职业形象。

第一节 西装外套

西装外套可以以套装形式穿戴,也可以单穿。"西服套装"(the suit)一词在英语中是适合、相称的意思,是为了传递这样的信息:男士只有穿上合适的裁剪、颜色和面料的西服套装,才能体现出绅士的优雅和品位。西服套装的裁剪、颜色、面料等元素是按照重要性的先后顺序排列的,之所以将"裁剪"放在首要位置,是因为它是决定一套西服质量的最重要因素。选择一套裁剪精良、合体的西装比选择一套虽然面料上乘但是做工粗糙、不合体的西装要好得多。

一、四大主流西装风格

目前国际上主要有四大西装风格,或者说四大西装款式,这四大风格成为西装设计的基本依据,分别为:英式、美式、意大利式和日式。

(一)英式西装

西装的发源地在英国,追本溯源是为体现儒雅绅士体型优美的形象。英式西装外套的典型特征是：廓形上采用收腰合体的 X 型；合身的垫肩；收"英式腰省"（服贴的前省设计）；位于腰部右侧口袋上方的零钱袋；较长的衣身，一般上衣长度为标准的能够盖住臀围线的长度；丰富的隐条纹羊毛面料。由于收了腰省，对身体有一定的束缚感，一旦穿上就必须时刻保持很端正的姿态，展现绅士风度（如图3-1所示）。

（二）美式西装

美国人追求自由、放松和舒适的生活方式，西装追本溯源也是为了满足身体和精神上的自由和舒适。美式西装外套的典型特征是：廓形上采用呈直线的 H 型；前身少收腰或不收腰；单排两扣半的设计；显现出自然肩线的自然肩款式；后背作钩状开衩处理。美式西装严格遵守自然外形的设计原则，非常符合美国人的实用主义理念。因为美式西装几乎不收腰，所以基本上任何体型的人穿起来都很舒适（如图3-2所示）。

图3-1　典型英式西装

图3-2　典型美式西装

（三）意大利式西装

意大利式西装也称欧式西装，盛行于欧洲，以意大利为主。追本溯源，它是为了展示男性健硕、挺括的姿态。因为他们认为只有拥有了健硕的身体才能拥有健康的心灵，所以他们特别喜欢让男士的身体强壮起来，从而真正变得有责任有担当。意大利式西装外套的典型特征是：廓形上采用强调肩宽和背宽的 T 型；以缩缝的立体衣袖缝法做出让手臂活动更方便的袖窿；如同船底曲线般的船形胸袋；袖口的吻扣设计（如图3-3所示）。

（四）日式西装

在山本耀司、三宅一生这些日本顶级设计师的改良下，西装这个欧美化产物，具有了浓重的日式味道。日式西装依据东方人的体型特征对西装进行改良，给人以精干的感觉。日式西装外套的典型特征是：廓形上采用窄小修身的H型；领位收窄；扣位上扬；后摆无开叉；多为单排扣，比较强调贴身，适合瘦瘦窄窄的身材（如图3-4所示）。

图3-3 典型意式西装　　　　　　图3-4 典型日式西装

随着中国在世界上的影响力日益增强，在中山装基础上改良发展起来的中西合璧的"新中式西服"也在世界时装领域获得了举足轻重的地位，成为世界第五大主流西服风格（如图3-5、图3-6所示）。近年来，国家主席习近平在一些重要外交场合就经常演绎"中国风"新改良版中山装、立领、暗兜、暗扣，结合上衣口袋的西装元素"席巾"，体现了我国在外交上更加自信，也展现出中华民族的文化底蕴。

图 3-5　汉狮新中式西服作品 1

（图源：https://image.so.com/view?q=%E6%96%B0%E4%B8%AD%E5%BC%8F%E8%A5%BF%E6%）

图 3-6　汉狮新中式西服作品 2

（图源：https://image.so.com/view?q=%E6%96%B0%E4%B8%AD%E5%BC%8F%E8%A5%BF%E6%9C%）

二、西装外套造型细节

西装外套在领型、门襟、肩型、口袋、袖口、下摆、开衩、衬里、缝形等处细微的设计差异，能够为穿着者塑造出完全不同的形象。

（一）领型

西装外套常见的领型概括起来主要有三种：平驳领（八字领）、戗驳领和青果领（如图 3-7 所示）。

平驳领和戗驳领是通过领子上下片（上翻领和下驳领）的夹角来区分的。平驳领上下片的夹角在 70°到 90°之间；戗驳领上下片紧贴着，夹角很小接近 0°。另外还有一种介于八字领和戗驳领之间的半戗驳领，其中又可细分为接近平驳领的和接近戗驳领的两大类型。平驳领简洁利落，戗驳领高贵持重。

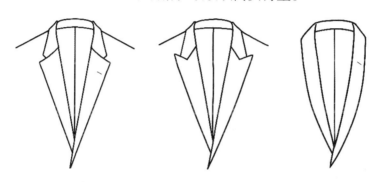

图 3-7　平驳领（左）、戗驳领（中）、青果领（右）

（图源：https://www.xiaohongshu.com/explore/62b9c4bf000000000e02ad75）

领型设计通常和前身纽扣的设计相对应。平驳领通常是配合单排扣，戗驳领通常配合双排扣，半戗驳领搭配单排扣、双排扣均可。无论是单排扣还是双排扣，驳点（开领）的高低影响着整件服装的风格。一般而言，驳点越高越显得传统，透露出怀旧的气息；驳点越低则越显得现代，传递出休闲时尚的气质（如图 3-8 所示）。驳领上所开的小洞称为花眼或领孔，可用来别徽章或者花朵作为装饰。

（二）门襟

门襟指衣服或裤子、裙子朝前正中的开襟或开缝、开叉部位。通常门襟要装拉链、纽扣、挎钮、暗合扣、搭扣、魔术贴等，帮助服装开合。由于男女服装形制有别，衣服的门襟的纽扣和锁眼有位置的区别，一般男式纽扣在右边，女式纽扣在左边。

门襟处只有一排纽扣的西装外套，就是单排扣西装。单排扣西装的纽扣数一般为一粒、两粒或三粒，正式的穿法是不论纽扣数目多少，最下方的纽扣永远不扣。单排一粒扣西装，纽扣系与不系均可，系上比较端庄，不系则会显得更加潇洒休闲。站起时，可扣可不扣，坐下时，扣子不要扣。单排两粒扣西装，通常的规则是只扣上面一颗纽扣。单排三粒扣西装，扣中间一粒表示正宗，扣上面第一和第二粒表示郑重，第三粒扣子不要扣（如图 3-9 所示）。

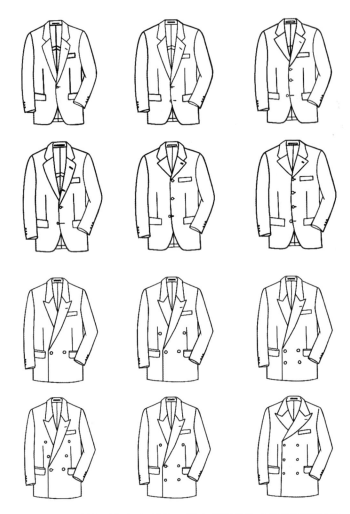

图 3-8　西装领型与纽扣设计、驳点高低的组合设计风格变化

（图源：https://graph.baidu.com/pcpage/similar?carousel＝503&entrance）

图 3-9　单排扣西装的纽扣形制

（图源：https://graph.baidu.com/pcpage/similar?carousel＝503&entrance）

门襟处纽扣排成两排的西装外套，为双排扣西装，纽扣数一般为两粒、四粒、六粒或八粒（如图3-10所示）。

图3-10 双排扣西装的纽扣形制

（图源：https://graph.baidu.com/pcpage/similar?carousel＝503&entrance）

双排扣四粒扣有两种排列方式：①倒梯形：最上面的两颗纽扣仅起装饰作用，只扣下方的一颗就可以了，这是为了把腰线放低。②正方形：选择扣顶部的第一颗扣，这是为了突出腰线。

双排六粒扣是最常见的一种款式，它更加偏军装款，属于英伦风格，纽扣有三种排列方式：①倒梯形：只扣最下面的一粒扣，胸部空间比较大，收腰线条会很明显，适合胸腰差距比较大的健身型男人穿。②Y型排列：上面两粒纽扣相对来说比较散开，下部的四粒刚好呈正方形，通常情况下，只扣中间的一粒或者中间的两粒都是可以的。③长方形：这种款式比较中规中矩，稳重但略显古板，只扣上面两粒就可以了。

特别需要注意的是：按照国际礼仪的规范，男士在坐下时，一定要记得解开西服扣子，这样西服才能随着身体的弧度，自然服帖地顺势而下，线条看起来也会比较流畅，不会有束缚的感觉，坐下时才会更舒适。

双排扣西装的礼仪等级较单排扣西装更高，形制更为精致、规整且暗含历史感。由于双排扣的纽扣数量较多，再配上戗驳领，西装外套的风格就显得更华丽和正式。双排扣西装还具有全方位的防风防寒作用，由于是双门襟，可以改变搭门方向，如果风从右侧吹来，就把右襟放在上边扣好；如果风从左边吹来，就把左襟放在上边扣好，具有功能性。

（三）肩型

西装的肩型大致也有三种：翘肩型、自然肩型（如图 3-11 所示）和落肩型。

从颈端到肩膀端点的线条微微往上翘时，称为翘肩型，常见于英式西装。没有垫肩或只垫很薄的垫肩时，称为自然肩型，在美式西装中常见。当袖肩头比起正常肩形下垂时，称为落肩型。

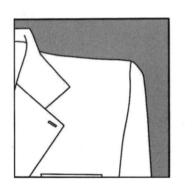

图 3-11　翘肩（左）与自然肩（右）

（图源：《穿出你的西装风格》）

（四）腰部口袋

西装上衣腰部左右通常设置有口袋，一般只用于放置少量而小巧的东西，因为口袋放入太多东西会膨起而破坏外观平整，反复使用又会使袋口松弛显得邋遢，外设口袋更多是一种绅士符号。另外，在左衣身里面设一内袋，用于储物。

口袋大致可分为两种类型：一种是袋口需切开面料而得到的"挖袋"；另外一种是依据设计要求用面料贴缝在服装上的"贴袋"。正装的口袋均为挖袋，贴袋用于休闲西装。

腰部口袋的缝制工艺主要有四种，按照礼仪等级由高到低分别是：双嵌线暗口袋、有袋盖的暗口袋、贴袋、斜口袋。正式西装外套左右两侧的大口袋，都是暗口袋，西装表面只能看到口袋边或者口袋盖。英式西装的零钱袋通常位于右侧腰部口袋的上方。口袋的变化是各种西装风格变化的重要元素之一（如图 3-12 所示）。

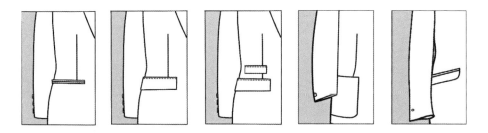

图 3-12 从左至右：双嵌线暗口袋、有袋盖的暗口袋、零钱袋、贴袋、斜口袋

（图源：《穿出你的西装风格》）

（五）胸部口袋

西服外套左胸有一个胸袋，用于放装饰巾，亦称手巾袋，传统上也用于放怀表，现在的胸袋则更侧重装饰性。胸袋的形式与腰部口袋相同，贴袋较挖袋更倾向休闲风格。挖袋又分"一字形"和"船形"两种形式。船形胸袋的底边呈曲线状，犹如船底的线条，看起来较有立体感（如图 3-13 所示）。

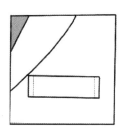 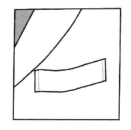

图 3-13 一字形胸袋（左）与船形胸袋（右）

（图源：《穿出你的西装风格》）

（六）袖口

西装外套的袖口开口可分为两种：一种是袖口纽扣处可开合的真开衩，袖口的纽扣实际上可解开，可以挽起衣袖；另一种是虽然有纽扣却无法开合的假开衩，只有装饰性作用。

袖扣越多暗示社交级别越高，越正式。大多数情况下，商务西装的袖扣多为三到四粒，较休闲的西装外套袖扣为一到两粒。商务西装的纽扣材质多为塑料，也有贝壳、皮革、金属等材质。如果是正式礼服，袖口纽扣通常使用与西装相同的面料包着的包扣。典型的意大利式西装袖口通常采用吻扣的方式，吻扣指的是纽扣与纽扣之间稍微重叠（如图 3-14 所示）。

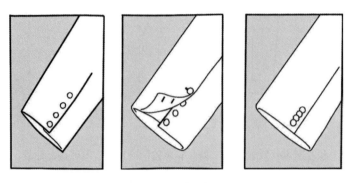

图 3-14　四粒扣假开衩（左）、四粒扣真开衩（中）与四粒吻扣（右）

（图源：《穿出你的西装风格》）

（七）前身下摆

前身下摆的线条形式主要有直摆和圆摆两种，直摆干练，圆摆柔和（如图 3-15 所示）。

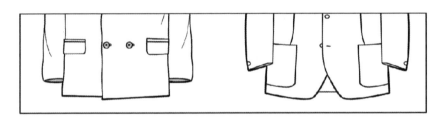

图 3-15　直摆和圆摆

（八）后开衩

开衩源于骑马功能，随着这种功能的消失，开衩发展至现代，其象征性大于功能性。西装外套背部的下摆处理是后幅变化的关键，一般有四种形式（如图 3-16 所示）。

①背中直线开衩：指西装背中缝线的下摆处有一个直线型开口，允许有 4°~5° 的倾斜。中间开衩的西装外套整体轮廓利落，但缺点是当手插入口袋，臀部就会显露出来。

②背中钩状开衩：与中间开衩类似，不同的是开口的上方呈钩状，是西装的传统形式。

③两侧开衩：是在西装两侧缝的下摆处都有开口。侧边开衩的西装外套，活动起来比较方便，双手插入口袋时，别人从后面看也不会直接看到臀部。

④无开衩：西装下摆无开口，传达一种简约精神。

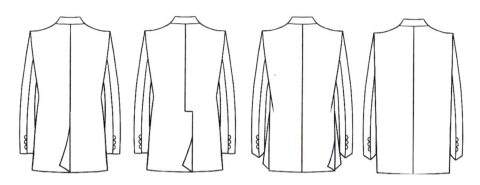

图3-16 背中直线开衩（左）、背中钩状开衩（左二）、两侧开衩（右二）与无开衩（右）

（图源：《穿出你的西装风格》）

（九）衬里

西装外套内加衬里，可提升保暖与排汗效果（如图 3-17 所示）。衬里的主要类型可分为以下三种：

①全衬里：指西装外套内侧全部加上衬里的形式，常见于冬季西装和经典传统西装。衬里用丝织物或人造丝织物，其功能是利用丝织物的爽滑性减少外衣和内衣的摩擦，使其穿脱方便，全里也可增加保暖量。

②无背衬里：只需要在比较容易被看到的外套前片内侧加上衬里，具有轻薄透气的功能，常见于夏季西装。有的西装只在西装外套的肩部加上衬里，便于活动。

③1/3 衬里：只在西装外套的背部上方 1/3 处加衬里，透气性较好，任何季节都可以穿。

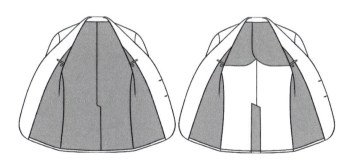

图3-17 全衬里（左）与无背衬里（右）

（图源：《穿出你的西装风格》）

一般衬里多使用灰色、深蓝色等素色面料，不过定制西装讲究看不到的地方也要漂亮，也可能使用格子、条纹等花样面料或带刺绣的面料作为里料。局部的衬里装饰设计更多运用于休闲西装系列等礼仪等级较低，对装饰性元素也相对包容的西装种类，西服套装要谨慎使用。

（十）缝形

缝形是主要体现在前止口和口袋缝边的加工形式。传统或高级的西服套装通常采用无明线暗缝工艺，缝口边不加任何明线使表面干净整齐。另外，还有一种则是明线工艺，通常分窄明线和宽明线，这要与面料的粗细薄厚相适应。明线工艺具有一定的装饰效果，更多地用在休闲风格的西装上。

第二节　衬衫

一、基本风格

用于职业装内搭的衬衫通常是长袖款（如图 3-18 所示）。因为衬衫是穿在西装外套的里面，所以合体很重要。衬衫领的合体标准是系上全部纽扣以后，脖子和领子之间能伸进去两根手指头。肩膀的合体标准是找到肩膀和手臂交界的点，这个点要和衬衫肩线的最高点吻合。袖子合体的标准为双臂自然垂下，系上袖口的纽扣，袖子的长度截止在手腕骨到虎口之间一半的位置。

图 3-18　长袖衬衫基本款正面（左）与背面（右）

（图源：https://www.51wendang.com/doc/c6818630501f108942e879f3）

衬衫和西服外套组合穿着后，衬衫领从颈后观察应露出西装领 1 厘米到 2 厘米；袖口处衬衫也应露出 1 厘米到 2 厘米。衬衫在西服颈部和腕部边口暴露，一是具有衬托作用，二是使外衣不直接和皮肤接触，这样既舒适又可以对外衣施加保护（如图 3-19 所示）。

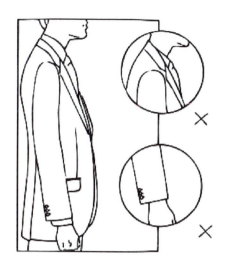

图 3-19 衬衫和西服外套组合穿着规范

（图源：https://graph.baidu.com/pcpage/similar?carousel=503&entrance）

此外，衬衫的缝合线都是明线，高档的衬衫，缝合线每厘米不少于 8 针，中高价位的衬衫缝合线每厘米不少于 7 针。

二、衬衫造型细节

（一）领型

衬衫的领型种类丰富，以下介绍几种常见的西服衬衫领（如图 3-20 所示）。

（1）标准领

标准领的特点是两个领尖之间狭窄的距离使其一般不会被外套的翻领盖住。领尖长（从领口到领尖的长度）在 85 毫米到 95 毫米之间，左右领尖的夹角为 75°～90°，领座高为 35 毫米到 40 毫米之间。

（2）展开领

展开领也叫宽角领、温莎领、法式领，两个领尖间的夹角很大，在 100°～140°，极端者可达 180°，领座也略高于标准领，这是更适合使用温莎结的领型。

（3）钮扣领

钮扣领又叫扣角领，是指领尖上有扣眼，前衣片上有扣子，领尖被固定在前衣片上，这是典型的美国式衬衫领。多用于休闲款的衬衫，也有部分商务衬衫采用此种领型，用意是固定领带。

（4）暗扣领

暗扣领的特点是暗扣把两个领尖扣在了领结之下，让领结看上去更突出，而领

43

子中间会出现褶皱。

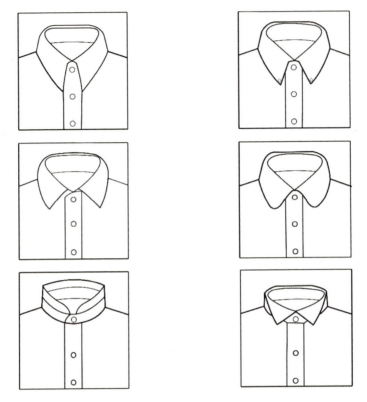

图3-20 部分衬衫领型展示

（图源：https://image.so.com/view?q）

（5）立领

立领是中式风格的领型，只有领座部分而没有翻领，因形似带子，故也称作带领。一般不系领带，多用于活泼轻松的休闲西服。

（6）翼形领

翼形领的前领尖向外折翻，形似鸟翼而得名，这是燕尾服、晨礼服、塔克西多等礼服衬衫上常见的领型，一般系蝴蝶结而不系普通领带。

（7）圆领

圆领是一种古典领，没有领尖，线条圆润。

（8）牧师衬衫领

牧师衬衫领的领子和袖口为白色，而衣身为条纹或其他素色的衬衫，源于基督教的神父、牧师穿的黑色上衣加有白色领子的衬衫。这是一种较讲究的礼用衬衫，领形有标准领、宽角领和圆角领。

（9）针孔领

针孔领的衣领左右开有小孔，以便衣领饰针穿过，固定领带也是借由饰针别上，这样打出来的领带结看起来也更加立体。

（10）长尖领

长尖领的领型和领尖夹角大致与标准领相同，特征是领尖较长，具有古典、稳重之感。衣领较窄，也更适合搭配窄版的领带。

此外，领尖撑常见于领型宽阔的高档正装衬衫，与袖扣同为高档衬衫的时尚利器，用来支撑固定宽阔修长的领尖，保持领型的挺括度，增强立体感，防止领口变形。

（二）前襟

前襟主要有明门襟、暗门襟、法式前襟三种形式（如图 3-21 所示）。明门襟是最正统的款式，衬衫开襟处的面料向外翻折；暗门襟在衬衫开襟处看不到纽扣；法式前襟是衬衫开襟处的面料向里翻折。

图 3-21　明门襟（左）、暗门襟（中）与法式前襟（右）

（图源：《穿出你的西装风格》）

（三）后背

衬衫后背的处理方式一般有三种（如图 3-22 所示）。

（1）有约克无皱褶：约克是从肩膀到背部间的剪接裁片，其版型是顺着身体线条形成的，具备较好的活动性能。

（2）约克下方两侧有皱褶：约克下方的两侧都有褶皱，具备更好的活动性能。

（3）箱型褶裥：在衬衫背部约克下方的中线处加了褶裥，活动空间更大，穿起来更舒适。

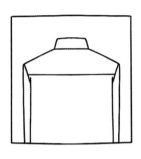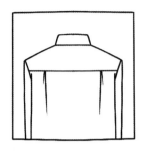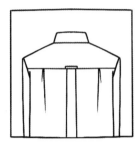

图 3-22　有约克无皱褶（左）、约克下方两侧有皱褶（中）、箱型褶裥（右）

（图源：《穿出你的西装风格》）

（四）袖口

袖口主要有单袖口和双袖口两种形式。

单袖口指没有翻折的单层袖口，是最正统的形式。单袖口的形式又分为平袖口、圆角袖口、斜圆角袖口等（如图 3-23 所示），袖扣有 1~2 粒。

双袖口是袖口折成两层的形式（如图 3-24 所示），也称"法式袖口"，袖口很长，上面没有纽扣，穿的时候需要对折一半，用袖扣扣起来。这种袖口最适合正式场合，更能体现华丽感。双袖口纯白衬衫是重大场合的首选，公务性场合不宜选择太花哨的袖口，作为晚礼服搭配的西服套装则可以选用较华丽的袖口。

图 3-23　单袖口的不同形式

（图源：https://graph.baidu.com/pcpage/similar?carousel=503&entrance）

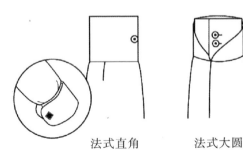

法式直角　　　　法式大圆

图 3-24　法式袖口

（图源：http://www.360doc.com/content/18/0608/07/34183406_760587078.shtml）

（五）下摆

下摆主要有水平下摆和圆形下摆两种形式（如图 3-25 所示）。

水平下摆为水平裁剪的形式；圆形下摆的曲线如燕尾，也称为"燕尾形下摆"，是正统的衬衫下摆形状。正装衬衫的下摆要略微长一些，要能掖进裤子里，不容易跑出来。

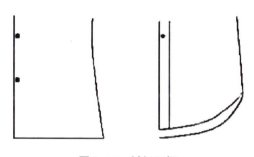

图 3-25　衬衫下摆

（图源：https://graph.baidu.com/pcpage/similar?carousel=503&entrance）

按照国际惯例，衬衫的礼仪等级的普遍规律是：面料、款式、色彩、图案等显性因素越多，级别就越低（如图 3-26 所示）。

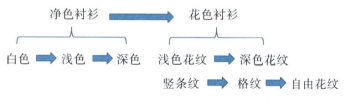

图 3-26　衬衫礼仪等级秩序——由高至低

第三节　西裤

一、主要造型风格

作为西服套装的下装，与西服外套的款式相协调是西裤款式的基本造型原则。侧面裤型主要有三种：Y 型、H 型、A 型（如图 3-27、图 3-28 所示）。

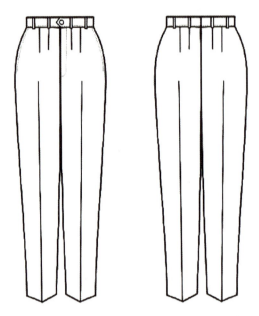

图 3-27　西裤基本款正面（左）与背面（右）

（图源：《穿出你的西装风格》）

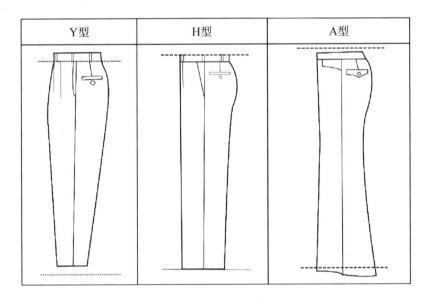

Y型	H型	A型

图 3-28　西裤侧面裤型

（图源：https://graph.baidu.com/pcpage/similar?carousel=503&entrance）

二、西裤造型细节

（一）腰部

腰褶一方面可以改善臀部活动的空间，增加侧口袋的容量；另一方面可以使裤子的臀部造型有膨胀感，同时收小裤口，这也是锥型裤的造型手段。根据收褶形式的不同，西裤的腰部主要有三种形式（如图3-29所示）。

（1）无褶：就是腰部两侧没有收褶，能让腿部显得修长。

（2）单褶：腰部左右各有一个褶，大腿部位比较宽松。

（3）双褶：腰部左右各有两个褶，腰部有更多的活动宽松量，也因此，腰部和大腿看起来会比较粗。

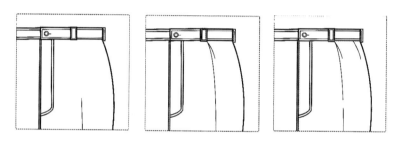

图3-29　无褶（左）、单褶（中）、双褶（右）
（图源：《穿出你的西装风格》）

裤子的腰襻设计是因为现代西裤不使用吊带而使用皮带的结果。腰襻的数量传统型多为七个，即两侧各三个，后中一个。现代西裤有所简化，采用两侧各三个，但靠近后中的两个更接近，使集中在后腰的牵掣力与两侧分散的牵掣力分配更加合理。

除腰襻以外，在后腰中部也有"尾卡"的设计，通常用在传统的瘦型西裤中，起到调节腰部松量的作用。在现代简化版的女式西裤中，也有不用腰襻，直接采用松紧腰的设计。这对于员工体型的变化或人员更迭比较包容，能更大程度地满足使用需求。

（二）侧边口袋

裤子两侧的口袋，形式上主要有两种（如图3-30所示）。

（1）直插袋：袋口与裤子侧缝线成垂直方向，多用在有腰褶的锥型裤或晚装裤中（直插袋合并在侧缝中）。

（2）斜插袋：袋口与裤子侧缝线成倾斜状，为通用型。

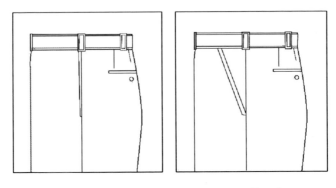

图 3-30　西裤两侧直插袋（左）、斜插袋（右）

（图源：《穿出你的西装风格》）

此外，在英式风格的西裤中，裤腰右侧仍保留着装怀表的小口袋，强调怀旧和经典。

（三）臀部口袋

裤子臀部的口袋形式上主要有三种：单嵌线型、双嵌线型和袋盖型。

一般配正式套装的裤子采用单嵌线或双嵌线口袋，不用袋盖设计。如果划分级别的话，双嵌线级别最高，单嵌线级别居中，袋盖型级别最低（风格上比较休闲）。后口袋通常两边对称设计，左边的口袋设一粒扣，右边无扣。之所以这样设计是因为人们一般常用的是右手，右口袋不设扣，使用方便，左口袋则成为保险性口袋。

（四）裤脚

裤脚有单式卡夫、翻折式卡夫和晨礼服卡夫三种（如图 3-31 所示）。

单式卡夫比较常见，也是裤脚最早的形制；翻折式卡夫是裤脚口向上往外翻折的形制，美国则称为"双层式卡夫"；晨礼服卡夫是裤脚从前端往后方向脚跟处倾斜 1.5 厘米到 2 厘米之间。

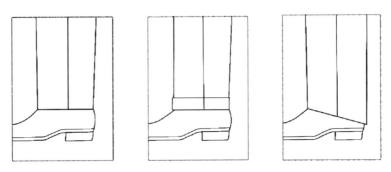

图 3-31　单式卡夫（左）、翻折式卡夫（中）和晨礼服卡夫（右）

（图源：《穿出你的西装风格》）

第四节　马甲背心

正统的三件套式西装包含有：同一块面料所裁制的西装外套、裤子以及马甲背心。马甲背心除了有护胸御寒的作用之外，还能增加套装的严整性，并覆盖皮带。由于现代工作的场所基本都配置了空调，能够四季恒温，因此，职业装一般以两件套居多，很少穿三件套。穿着三件套，更能显示出绅士感和正式感。

马甲背心形制上主要有四种：单排扣无领西装马甲（如图3-32所示）、单排扣有领西装马甲、双排扣有领西装马甲、双排扣无领西装马甲（如图3-33所示）。有领的马甲属于传统款，无领的是现代通用款。两个腰袋传统上是用于放怀表的。使用多粒扣时，最后一粒通常不系，扣上有拘谨之感，并且腰部易产生褶皱，为了穿着得体，还是不系为好。

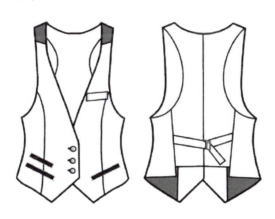

图3-32　单排三粒扣无领西装马甲正、背面

（图源：https://graph.baidu.com/pcpage/similar?carousel=503&entrance）

图3-33　马甲背心的不同形制

（图源：https://graph.baidu.com/pcpage/similar?carousel=503&entrance）

需要注意的是，背心的长度要和裤子立裆配合设计，背心过短或裤子立裆过浅都会使皮带不能被盖住，这是有失礼仪的。

第五节　大衣外套

大衣基本款主要用于冬季职业装的外套，也可以分为单排扣和双排扣两种款式，衣长长至膝盖。单排扣长大衣的两片衣襟重叠，是暗门襟，看不到纽扣，衣领为平驳领。双排扣大衣一般为枪驳领（如图 3-34 所示）。

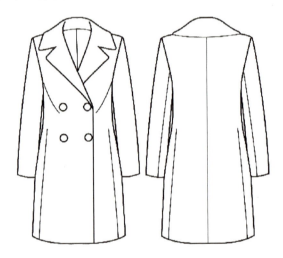

图 3-34　双排扣枪驳领大衣外套

（图源：任亚珍绘制）

第六节　半身铅笔裙

女性职业装的下装可以是裤装，也可以是裙装。直筒型铅笔裙是女性职业裙装中的"战斗机"，它就像是时尚界经久不衰的小黑裙一样，可以百搭，并且永远不会出错，可以彰显出女性优美的身体曲线，又不会过分性感。半身铅笔裙长度一般到膝盖，侧开叉或者后开叉（如图 3-35 所示）。

图 3-35 侧开叉半身裙正、背面

（图源：仟亚珍绘制）

第七节 直身连衣裙

直身连衣裙集简约、优雅于一体，既可以搭配西装外套，也可单独穿着，一般以 H 形连衣裙为主，能满足大部分身型的需求。直身连衣裙可以是无袖，也可以是短袖；可以有领，也可以无领；一般长度也是到膝盖附近（如图 3-36 所示）。

图 3-36 无袖有领直身连衣裙正、背面

（图源：任亚珍绘制）

第八节 职业装基本配饰

一、领带

领带是男士穿西装时的标准配置，领带长度以到皮带扣处为宜。如果穿马甲或毛衣时，领带应放在它们里面，领带夹一般夹在衬衫的第四和第五个钮扣之间。

领带的款式类型主要有：

（1）宽领带：指的是宽边的宽度达 10 厘米以上的款式。

（2）细领带：指领带的宽边较窄，整条领带宽窄变化不大，为 4 厘米到 6 厘米。

（3）标准领带：领带的宽边宽度介于宽领带和窄领带之间，为 7 厘米到 10 厘米。

（4）角领带：领带前端裁成方角，多用于搭配单件西装外套。

（5）切口领带：指的是领带前段裁成斜角的款式。

（6）蝶形领带：也称为领结，分为尖头领结和平头领结。传统上，领结被用作配衬燕尾礼服。

领带的风格类别主要有：

（1）行政系列：这是日间职业装的首选，图案以永恒的圆点、斜纹、格子为主。质料讲究，以优雅大方见长。

（2）晚装系列：主要用于商务晚宴或晚间其他比较隆重的活动。该系列特别注重领带上的荧光效果，与夜间的灯光交相呼应。

（3）休闲系列：风格轻松、随意，如卡通图案、花草图案等，领带的装饰性盖过礼仪性，适用于与 T 恤、休闲西装的搭配，不适合用于职业装。

（4）新潮系列：夸张的色彩，怪诞的图案，属于非常个性化的装饰，禁忌出现在职场。

领带的打结方法要根据衬衫领型和领带的厚薄而定，因为打结的不同方法，会使领结的形状有所差异。按常规，尖领衬衫打小领结，用简洁法；宽领衬衫打对称的宽结，可用繁结法。

根据国际惯例，领带的色彩和图案有礼仪等级和地位等级的区分（如图 3-37、

图 3-38 所示），按照国际惯例，越简单的图形色彩，代表的礼仪等级越高，如简单的双色条纹领带较色彩复杂的粗细相间的条纹领带级别更高。

银灰色系 ➡ 黑色亮锻 ➡ 纯度、明度低 ➡ 纯度、明度高

图 3-37　领带色彩代表的礼仪等级从高至低（从左至右递减）

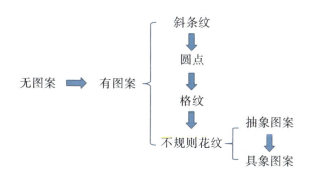

图 3-38　领带图案代表的礼仪等级从高至低（从左至右、从上至下递减）

二、丝巾

丝巾款式丰富，有手帕型丝巾（常用于领口或绑在手上）、小长方形丝巾（用于各种造型，包括头巾、领巾，甚至可以当腰带），还有大方巾等。其中手帕型丝巾、小长方形丝巾是女士职业装常用的配饰之一。丝巾的折法、结法多变，主要是配合西服外套、衬衫或连衣裙的领口形式。

三、口袋方巾

口袋方巾的折叠方式很丰富，不仅可以显得人更加文雅，也会增添时尚性。

1. 一字型折叠（平行巾）

适用场合：商务着装，比较正式的场合。

适宜搭配：这种折法以容易折叠的棉布质地为好，经典的白色为最佳（如图 3-39 所示）。

折叠方法：将方巾对折成适合口袋宽度的方形，将边缘朝里塞入口袋，露出口袋水平直视 1 厘米左右为宜（如图 3-40 所示）。

图 3-39　平行巾搭配效果

（图源：https://www.163.com/dy/article/f2d61snr05161l1bt.html）

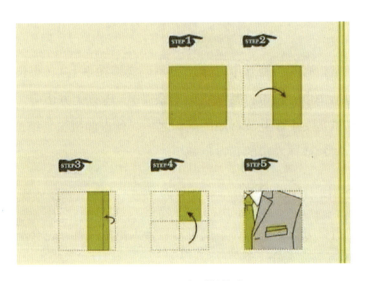

图 3-40　一字型折叠法

（图源：https://www.163.com/dy/article/f2d61snr05161l1bt.html）

2. 一点式折叠（三角巾）

适用场合：时尚派对、亲友聚会等较为随性的场合。

适宜搭配：色彩鲜艳的丝质方巾（如图 3-41 所示）。

折叠方法：将正方形对折，摆成一个三角形，最后将两侧袋巾往内收缩，创造一个 90° 的正三角形（如图 3-42 所示）。

图 3-41　三角巾搭配效果

（图源：https://www.163.com/dy/article/f2d61snr0516l1bt.html）

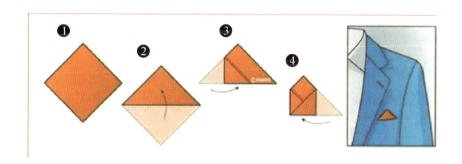

图 3-42　一点式折叠法

（图源：https://www.163.com/dy/article/f2d61snr0516l1bt.html）

3. 两点式折叠（两山巾）

适用场合：正式场合。

适宜搭配：款式上不适合太过花哨的方巾样式，以纯色、简单的条纹、波点为佳（如图 3-43 所示）。

折叠方法：将手帕对角折叠后尖角在上，平整地塞入口袋并保证其外观的平整妥帖（如图 3-44 所示）。

图 3-43　三角巾搭配效果

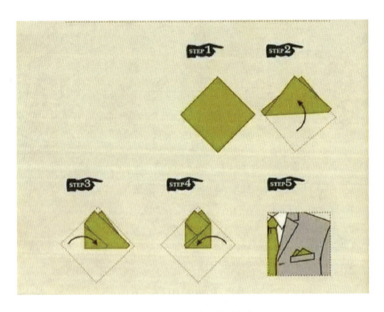

图 3-44　两点式折叠法

（图源：https://www.163.com/dy/article/f2d61snr051611bt.html）

4. 三点式折叠（三山巾）

适用场合：比较严肃的正式场合。

适宜搭配：不适合太过花哨的方巾样式，简单的条纹、波点为佳。采用此折法的白色麻质方巾是最为郑重的一种社交礼仪（如图 3-45 所示）。

折叠方法：将手帕对角折叠后错开角尖平整地塞入口袋，关键是要保证其外观的平整妥帖（如图 3-46 所示）。

图 3-45　三山巾搭配效果

（图源：https://image.so.com/view?q）

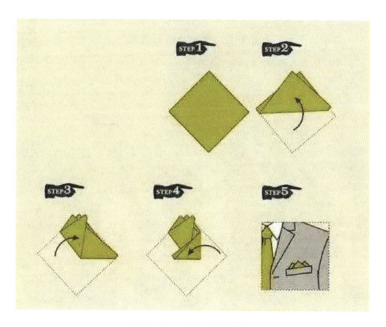

图 3-46　三点式折叠法

（图源：http://fashion.sina.com.cn/we/st/2017-05-16/0654/doc-ifyfekhi7499903）

5. 膨胀折叠法（圆形巾）

适用场合：商业场合和休闲的朋友聚会。

适宜搭配：方巾款式推荐经典的花草纹样、佩斯利图案、格纹、波点，不太适合礼服（如图 3-47 所示）。

折叠方法：折叠时可以随意，但在塞入口袋时要多调整一下，露出的部分不要太多（如图 3-48 所示）。

图 3-47　圆形巾搭配效果

（图源：http://fashion.sina.com.cn/we/st/2017-05-16/0654/doc-ifyfekhi7499903）

图 3-48　膨胀折叠法

（图源：http://fashion.sina.com.cn/we/st/2017-05-16/0654/doc-ifyfekhi7499903）

四、袜子

袜子是最容易被忽略的，但也最能反映职场着装修养。

配男式西裤的袜子，礼仪级别从高到低分别为：黑色袜子、深色袜了、浅色袜子、花式袜子、白色袜子。

对于女士职业装，如果是裤装，裸色袜子比较百搭；如果是裙装，宁可不穿袜子，也不要穿短袜或者半筒袜。袜子的颜色不能比裙装的颜色深，尽量遵循整体着装不超过三种颜色的原则。

袜子和鞋子的颜色要和服装主题色统一或者呼应。

五、皮鞋

职业正装皮鞋理当庄重而正统，应当没有任何图案、装饰，鞋跟高度中等，系带黑色皮鞋是最佳之选。带有打孔、绣花、拼图、文字或金属扣的皮鞋等均不应予以考虑。各类无带皮鞋，如船形皮鞋、盖式皮鞋、拉锁皮鞋等，也都不符合职业正装的要求。正装皮鞋应搭配深色的袜子。专门的西装袜长度要到达小腿肚，以确保无论动作幅度多大都不会露出小腿。

第四章 西服着装的国际惯例

现代意义上的职业装是伴随着欧洲的公务员制度建立起来的，后来扩大到工商界。第二次世界大战之后，英国的文官制逐步衍生为欧洲主流国家的公务员制，后来的美国公务员制度也经历了从效法欧洲到本土化的一个过程。日本的公务员制度更接近于英国。由于英国的文官制是建立在绅士制基础之上的，因此英国绅士的一切穿着规制都根深蒂固地影响着文官制，也根深蒂固地影响着当今国际化的公务员制。今天工商界、金融界等的职业装规则也都恪守着这个传统。英国绅士的穿着规制越来越成为发达文明社会的标签被国际社会普遍接受，成为一种着装规则的国际惯例。

按照惯例，男装绅士制的基本框架是以西服套装为载体的，由男性主导并推广到各行各业。职业女性则是以跟进的角色，在这个框架的基础上，根据女装特点来推演并架构整个职业装。无论是职业男装还是职业女装，都是以绅士着装密码为着装指导。

西服着装原则涵盖了四个要素：标准颜色、标准面料、标准款式和标准搭配。越是国际化的酒店，越应该遵守国际惯例的着装程式，更改或替换传统组合里的任何细节都需要谨慎斟酌。

需要注意的是，西服系统的元素组合方式是灵活的，每一种级别的西装都可以通过借鉴其他级别的西装款式和搭配元素而产生礼仪级别上的差异偏移，即级别较低的西装种类可以通过吸纳比它级别更高的元素而抬高等级，反之亦然。总的规则是，在搭配上越规整级别越高，越自由级别越低。我们不仅要知道各类西服在形制上经典的人文信息，而且要会运用它们，了解每种类别服装的运用场合与社交密码。

第一节　礼服系统

国际惯例将男装系统分为礼服、常装、户外服和外套。其中，礼服按照礼仪级别的高低又分为三类，从高到低依次是：第一礼服、正式礼服和日常礼服，标准款式元素为戗驳领、双排扣。

礼服为礼仪等级最高的装束，在礼节规范和形式上，具有很强的规定性。随着现代生活节奏的加快，礼服系统有着装简化的趋势，处于礼服与户外服过渡阶段的西服常装系统，以其服装功效性和职场的主导性成为日常生活中最广泛、最常用的国际通用服。

一、第一礼服

第一礼服是礼服系统中的最高级别，分为日间晨礼服和晚间（18点以后）燕尾服（如图4-1所示）。

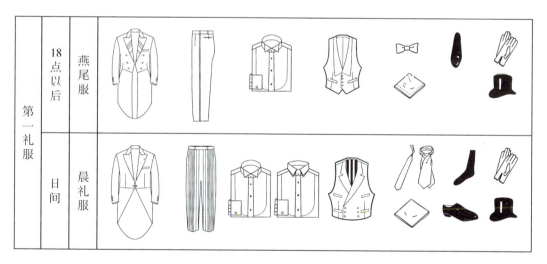

图4-1　第一礼服标志性元素

（图源：《国际化职业装设计与实务》）

晨礼服的标志性元素为银灰色领带、晨礼服衬衫，搭配黑灰条相间条纹裤，也称国际公式化日间礼服，在酒店制服中多用于豪华酒店的日间服务生服装。燕尾服的标志性元素是白色领结、燕尾服衬衫，搭配双侧章裤，也称国际公式化晚间礼服，在酒店制服中多用于豪华酒店的晚间服务生服装。由于时间强制性是西装搭配中重要的搭配准则之一，因此夜间礼服的元素在运用中具有专属性，不能用于日装。

由于西方古代的大衣大多是从袍式服装演变而来的，袍式服装代表着男士所有的正统装，因此，礼服都是长上衣的形制。戗驳领年代久远，其所营造的氛围更为传统和庄重，在领型的礼仪等级上级别最高，它也是礼服中的标志性元素。

二、正式礼服

正式礼服是第一礼服的简装形式，分为日间董事套装和晚间（18 点以后）塔士多礼服（如图 4-2 所示）。

董事套装是晨礼服的简装版，标志性元素与晨礼服相同，作用也相同。塔士多礼服是燕尾服的简装版，标志性元素为黑色领结、塔士多礼服衬衣，搭配单侧章裤。青果领原属于吸烟服的领型，也主要适用于晚礼服的塔士多。

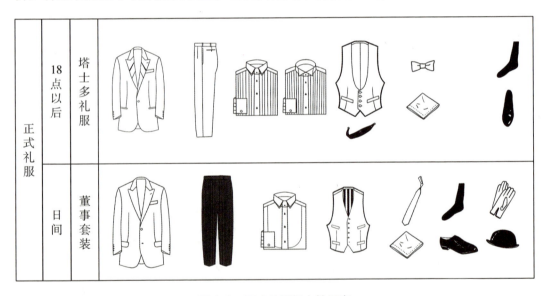

图 4-2　正式礼服标志性元素

(图源：《国际化职业装设计与实务》)

三、日常礼服

日常礼服也称全天候礼服、黑色套装，标志性款式为双排扣、戗驳领，在国际上指无时间暗示的正式礼服，在职业装中多用于高层管理人员（如图 4-3 所示）。

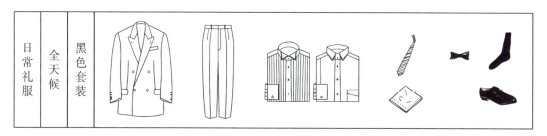

图 4-3　日常礼服标志性元素

（图源：《国际化职业装设计与实务》）

第二节　常装系统

常装系统按照礼仪级别的高低也分为了三类，从高到低依次是：西服套装、运动西服、夹克西服，基本款式都是平驳领、单排扣。

一、西服套装

西服套装是常装系统中的最高级别，顾名思义，是指上衣、背心和裤子用相同材质、颜色组成的三件套西装或两件套西装（上衣和西裤）（如图 4-4、图 4-5 所示）。三件套比两件套更为正式。

图 4-4　灰色西服套装　　　　　　　　图 4-5　深蓝色西服套装

主服的标准款式为单排两粒扣门襟、平驳领、双开线夹袋盖口袋、袖口三粒扣，左胸有手巾袋。按照国际着装惯例，西服套装领型体现出的礼仪高低排序依次为：戗驳领、青果领、半戗驳领、平驳领、其他变异领型。西服套装的标准色为鼠灰色，角质纽扣，面料以精纺毛呢为主，在职业装中多用于管理层。在与西服套装的搭配中，带有全天候性质的翻脚西裤为其最佳搭配，匹配度比标准西裤（无翻脚）更好。

在国际惯例中，西服套装属于西装中的正统装束，处于礼服向常服过渡的转折点，它兼备了类似礼服的严谨和常服的随性这一对看似矛盾的着装风格，既可以作为常服，也可以作为准礼服，具有"万能西装"的说法。颜色越深（多用黑色调或深蓝色调），形式组合越整齐划一，也就越倾向准礼服；颜色越浅，形式组合越自由，就越倾向便装；若是带有个性色彩倾向，如暖色系、冷色系、条格色系等，便有了休闲西装的暗示。由此可见，西服套装本身又可以划分出三种基本格式：黑（蓝）色调的礼服套装格式、灰色调的标准套装格式和可以自由编组的花式色调套装格式。值得注意的是，无论整体和局部如何改变搭配方式，西服套装在面料材质、颜色上的统一性是不变的。

由于西服套装在当今社交中基本升格为准礼服，具有国际通用性、形态稳定性，因此在一些特别场合，西服套装在搭配上需要遵守社交定式。在较正式的仪式和聚会中（指非娱乐性的正式场合），如某些工程的落成仪式、重要会议的开（闭）幕仪式、创建周年的各种纪念仪式等，西服套装以深蓝色或黑色套装、白衬衫、黑色皮鞋为首选，三件套和两件套都是得体的选择。在日间的正式或半正式场合，也可选择鼠灰色西服套装。总之，越正式的场合，西服套装的选择越是规则大于自由，套装及其每个细节都不允许有过度的个性发挥，规则和禁忌是必须要考虑的。例如，黑色领带是表示哀悼和告别仪式专属的普世社交语言；三粒扣系上边两粒表示郑重，系中间一粒次之，不系扣表示随便。

二、运动西服

运动西服（布雷泽西装）是西服套装的运动风格，诞生于19世纪80年代，由海员制服演变而来，成长于社团服（俱乐部和学院制服）。虽然冠以"运动西装"的称谓，但这种西装并不是只为体育运动而使用的服装，不是"运动服"的意思，而是因为其裁剪为直身无省结构、两边开衩，与当时紧身、曲线背缝、腰断结构的晨礼服裁剪完全不同，具有良好的运动、保暖防寒的功效，这在当时极富革命性。

由于运动是英国贵族生活方式中的传统，他们将绅士精神深入到体育运动当中，"君子之争"的风度和心态是英国体育文化的特色之一，他们认为运动带来健康，健康使意志旺盛，健康与身份、地位等有着密切联系，因此运动西装（布雷泽西装）也代表着一种"奋进精神"。

运动西装的标志性搭配是：藏蓝色法兰绒上衣、左胸袋为贴袋（或船型挖袋）配徽章标志、腰下左右为有袋盖的明贴袋、金属纽扣、灰色调苏格兰细格裤或浅驼色休闲裤（卡其裤），形成上深下浅的色彩组合，明线为其工艺的基本特征（如图4-6所示）。

图4-6　运动西服

运动西装的基本造型有双排扣枪驳领、单排扣平驳领两种。无论哪种款式，金属纽扣是布雷泽西装的标志性元素，包括金、银、镀金、黄铜、青铜、红铜、黄铜腊、铝、白蝶贝或者黑蝶贝、珐琅、景泰蓝等各种材质。金属纽扣通常还雕刻有某俱乐部、团体、学校的专有标志图案或品牌标志图案，表达一种强制的归属感或所属身份。无论哪种金属纽扣，它们的共同特点是纽扣材质或色彩与衣身有明显反差，并与配服保持色彩的统一和谐。

西装形成今天的布雷泽风格，究其历史，是长时间各种因素互相作用的结果：上深下浅搭配和单排扣款式的组合是从牛津大学而来；布雷泽名称（Blaze意为"火焰"）是从剑桥大学而来（大红色是剑桥大学制服的标志）；深蓝的上衣缀上黄铜金属扣、双排扣、双开衩是从海员制服而来。

相较于职场中西服套装使用的嵌线口袋，布雷泽西装一般使用复合贴袋，但根据不同的场合和个人风格取向，又可以使用不同形制的贴袋和嵌线口袋。贴袋大体上分为准贴袋、复合贴袋和花式贴袋。花式贴袋是指变形袋盖的贴袋，包括斜盖、扇形盖、信封形盖以及系扣盖等种类，它是狩猎西装的典型元素。

值得注意的是，以上三种贴袋，前两种是布雷泽西装常用的，复合贴袋为它的标准版，准贴袋为夹克西装的标准版，而花式贴袋只用在布雷泽制服中（如军服、警服）或休闲西装的猎装中。

运动西服在职业装中有两种应用趋势：一是作为制服的原型，军队、警察和运输业的现代制服形制都是布雷泽西装的派生物；二是作为高层管理者的风格西装和休闲西装，如休闲星期五的着装，面料包括各种条纹、格子花纹和印花花纹等，有的在西装领子、前身止口和口袋上带有单色滚边。

三、夹克西服

夹克西服是西服套装的休闲版，也称休闲西装。"夹克"在中国人看来无论如何也不能称其为西装。这其实跟国内学术界当初（20 世纪 20 年代）引进这个词的时候并不是以国际着装规则这一套完整理论体系来引进有关，我们只是以某种服装款式的流行而先入为主地认为那便是"夹克"的定义，一直错误地使用它直到今天。其实在西洋男装的传统习惯中，无论是礼服还是常服、便服，只要是短上衣都称为"夹克"。

今天夹克西服的原型是 19 世纪流行于英国，用于骑马、狩猎、高尔夫等野外运动的诺弗克夹克、狩猎夹克和竞技夹克的结合体。衣长变短标志着夹克的诞生，融入了户外运动的通用含意，因为短打扮总是与运动有关（如图 4-7、图 4-8 所示）。

夹克西服的标准款式为：单排三粒扣平驳领，袖扣两粒或三粒，纽扣用水牛角或仿水牛角的树脂制成，或采用皮质编结的纽扣（现代也用塑料仿制）。夹克左胸手巾袋用嵌线工艺制作，下摆左右大袋用贴口袋加装袋盖的形式（复合贴袋），采用三贴袋的夹克西装由此简化而来，也是现代版夹克西装的典型。下装为自由组合的休闲裤。此外，由于夹克西装系统内部又包括了运动夹克、竞技夹克、诺弗克夹克、狩猎夹克和旅行夹克等不同类型，因此，西装两侧斜口袋、系扣式腰带（与衣身同布）、背褶、右肩枪托补丁、袖子上有防磨的护肘补丁等也都成为今天夹克西装设计的经典元素。

图4-7 诺弗克夹克西服　　　　　　　　图4-8 狩猎夹克西服

夹克西服普遍采用贴袋样式，这和它采用粗呢的传统有关（粗呢不适合挖袋工艺）。粗呢大多富有肌理感，有织入生毛手感粗糙的传统苏格兰人字呢或小格呢，也有加入了马海毛、山羊绒、拉玛兹毛等手感柔软的各种粗呢料。总之，夹克西装一定是自然、粗犷、朴实、简洁的风格，有触感的面料是其典型特征。

传统夹克西装，色调以秋天和岩石的色调为主，如原野的墨绿色调或秋天的褐色调，搭配的衬衣、毛衣、围巾、领带、鞋、手套等，要与整体粗犷的风格相协调。总的附属品搭配原则是：颜色要比主体（上衣）色调亮且纯度偏高，色彩元素之间要有关联。

值得注意的是，夹克西装一般不采用上下衣同质同色的西服套装格式，"混搭"是夹克西装的一个基本特征，失去了搭配也就表示丧失了夹克西装的特质。标志性搭配就是不同颜色、不同质地的上下自由组合，搭配方式更加个性化。然而自由的风险总是比规则要大，自由组合可能会出现不得体的后果。例如：裤子和上衣面料若都采用相同的粗呢，产生粗犷感的同时往往还会带来臃肿感。因此，一般情况下，夹克西装所配裤子的纹理较平，重量和体积也不如上衣，这样可以有效地衬托上衣的质量感。裤子的面料选择和苏格兰风格相类似，多为相对薄一些的法兰绒、华达呢、花呢、灯芯绒、卡其布等中厚而朴素的裤料，这成为夹克西装搭配的常规手段。同时，为了弥补裤子重量感的不足（头重脚轻），裤子通常采用翻脚裤设计，翻脚裤配夹克西装成为审美习惯。

总之，规则灵活的夹克西服比西服套装和运动西服（布雷泽西装）更难驾驭。现代夹克西装逐渐摆脱厚重的粗呢面料，取而代之的是薄型或超薄型呢面料，为了保持传统夹克西装的苏格兰风貌，面料开发商通过仿真的花格设计在视觉上产生面料的厚重感和体积感，成为现代意义上夹克西装体现质量感的有效方法。

夹克西服在职业装中用于管理层非正式工作环境和休闲星期五，在现代社交中，特别是公务、商务的职场中大有取代西服套装的趋势，这是因为它比西服套装有更大的适应空间，有更多展现个性风格的余地。不同颜色和质地的搭配并不影响它的"正式感"，更重要的是，讲究的衬衫和领带可以使夹克西服更显档次。

西装系统有如此级别上的差异，主要在于四个因素：色调、款式、质地和搭配。级别越高，色调越单纯而庄重、款式越隐蔽而简洁、面料越精细而挺括、搭配越规整而有序。越正式的西装，其成套性越强，越休闲的西装，其混搭性越自由（如图4-9所示）。在无法判断场合等级时，级别取高比取低要保险。

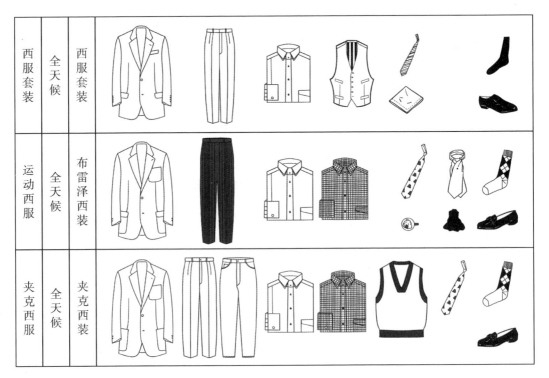

图4-9　西服常装系统标志性元素

（图源：《国际化职业装设计与实务》）

总体而言，在酒店制服时尚化设计中，相较于女装制服，男装制服设计通常更倾向于传统和严谨，制服中的各元素在变化时并不能过多地通过感性思维随意组合，更多的是有规律可循的，是在一定原则之内的理性操控。设计师需要熟知国际惯例中每个服装元素的内在含义，否则在个性化设计时，有可能使得服装的礼仪等级从合理变为"异类"，甚至被视为禁忌。尤其是在国际性的酒店中，更应该注意在每类服装的程式范围内进行适度的可行性变化，避免出现原则性的低级错误。

第五章　酒店制服设计的发展趋势

受世界文化大同趋势以及各种美学思潮的影响，现代酒店制服的设计呈现出丰富多彩的趋势。与此同时，人们生活方式和审美取向的变化也直接冲击着国际酒店传统制服的设计理念和标准，酒店制服设计的发展必然会出现文化交融的现象，展现出多元化、时尚化和个性化的面貌。

从大的趋势来看，酒店制服设计的发展趋势大致可归纳为以下五个方面。

一、个性化与定制化服务

虽然国际惯例对于正装的体系有完备、严格、精准、规范的划分和界定，但是任何一种事物的发展在它所到之处必会受到不同时期、不同地域、不同文化的影响，从而产生新的面貌、新的风格、新的使用方式。

在这个崇尚个性化的时代，酒店制服将打破"千店一面"的僵化局面，地域文化在酒店制服设计中的应用与展示，将以更简练明了的形式和时尚的语言来表达。酒店可以根据自己的喜好和需求，定制不同款式、颜色或材质的制服，以更好地展现个人风格和品味。结合不同地域、不同定位、不同主题的酒店文化，酒店制服设计将更具个性化、特色化。地域特色元素、民族特色元素、酒店主题元素，都将带给顾客独特的视觉感受，给顾客留下深刻印象，从而提升消费者的体验感，树立酒店的品牌文化形象。

二、时尚化与多元文化融合

现代酒店业的内涵在很大程度上已得到扩展，酒店制服设计也需要与时俱进，用符合时代特征的审美来展现时尚氛围和精神内涵。以往"刻板""保守"的酒店制服在这样的环境中已不合时宜，服饰的时尚流行元素将更多地出现在酒店制服中，融入现代时装设计理念、体现时尚精神，酒店制服将成为酒店业中靓丽的风景线之一。

随着全球化进程的加速，在酒店制服"个性"与"共性"以及"时尚化"与"职业化"并存的设计理念下，制服设计也势必会出现多元文化的融合。需要注意的是，多元文化融合并不意味着简单地将不同文化元素堆砌在一起，设计师需要在融合的过程中既保持创意的平衡、元素的协调，确保设计作品既具有时尚性，又符合酒店品牌形象；同时，也需要考虑到不同文化元素的敏感性和适宜性，以避免出现文化冲突。

三、人性化与可持续发展

人是服装的载体，人的一生大部分时间是在工作中度过的，很多人穿着职业装的时间远远超过穿着其他服装的时间。因此，着装者希望制服在满足企业形象需求等要求之外，还能满足自身安全性、舒适性的需求，缓解穿着者在工作过程中的精神压力，体现出对人的关怀。

根据制服的磨损程度以及时尚潮流的变化，酒店通常会定期更新制服，以确保其符合当前的时尚潮流和品牌形象。随着人们环保意识的增强，可再生、可回收等环保材料也被更多地采用，以减少对环境的影响。此外，减少浪费、延长产品寿命和循环利用等理念也融入制服设计理念中。

因此，酒店制服的设计将从以往只重视外部的视觉感转向兼具着装的舒适性、面料的健康环保和可持续发展，体现当代社会提倡节能减排和绿色环保的理念。

四、品质化与科技化

随着人们生活水平的提高，对酒店业的需求日益升级，酒店业也在不断提档升级，在建筑装修、文化营造、服务内容上做了大幅度的改良，配套的制服设计也势必要有更高的品质。更优质的面料、更精致的做工、更具有文化内涵的设计，都会使制服给企业、穿着者和消费者带来品质化的感受。

科技的长足进步，面料品质和工艺技术的升级，都将使酒店制服的品质得到不断提升。智能材料，如温度调控面料、防水透气材料等，将被广泛应用于酒店制服中，提升穿着的舒适性和功能性。此外，虚拟现实（VR）和增强现实（AR）技术也可能与制服设计相结合，为消费者提供全新的体验。

五、国际化与规范性

随着全球一体化进程的推进和我国经济的发展，在企业国际化发展的道路中，制服设计也势必越来越注意与国际惯例、国际标准的接轨。例如：在国际性酒店中，豪华晚宴服务生燕尾服的使用、管理人员制服构成元素的等级性体现等，都会注意符合制服的国际惯例和法则，体现设计视野的全球化。

《中国饭店制服蓝皮书》中融合了国际先进的制服设计标准、质量管理标准，它的刊出正是我国餐饮酒店业职业装在国际化道路中发展的体现。

总之，以上这些趋势将不断推动酒店制服设计的发展和创新，为酒店业提供更具吸引力和竞争力的制服选择。

第六章 酒店制服时尚化设计原则

从事任何类型的设计都必须遵循一定的设计原则。酒店制服因其行业的特殊性，有一般服装设计必须遵循的设计原则，也有其需要特别注意的特殊原则。

职业装设计时需根据行业的要求，结合职业特征、团队文化、年龄结构、体型特征、穿着习惯等，从服装的色彩、面料、款式、造型、搭配等多方面考虑，为着装者打造富于内涵和品位的职业形象。因此，需要注意以下几个方面：

一、制服风格要和酒店的建筑装修风格和谐统一

随着本土酒店业的发展，酒店品牌的定位逐渐多样化，风格呈现多元化之势，以便更深入地展现自己的品牌调性及理念。例如：江苏盐城大洋湾希尔顿逸林酒店、苏州金普顿竹辉酒店，展现的是东方生活理念的新国风风格（如图5-1、图5-2所示）；南京珺懋酒店傲途格精选展现的是奢华工业风格（如图5-3、图5-4所示）；浙江杭州的不是居·林丨疗愈系度假酒店展现的是诗意自然风格（如图5-5、图5-6所示）；浙江绍兴兰亭安麓酒店、成都青城山六善酒店展现的是含蓄婉约的古雅中式风格（如图5-7、图5-8所示）。

依据不同的定位和文化理念，酒店的建筑风格也呈现多元之态。酒店制服是酒店整体形象的内部元素之一，酒店制服的设计要根据酒店的建筑和内部装饰风格来确定其款式和风格，酒店制服的形制要统一在建筑风格的形、色中，使两者达到完美的融合。设计师需要具备一定的文化底蕴，深入了解和把握不同酒店建筑风格的构成要素，将其与服装设计要素巧妙结合，从而产生酒店制服设计的和谐美感。

图 5-1　苏州金普顿竹辉酒店外部

（图源：https://www.sohu.com/a/580942871_121118713）

图 5-2　苏州金普顿竹辉酒店内部

（图源：https://www.sohu.com/a/580942871_121118713）

图 5-3　南京珺懋酒店傲途格精选外部

（图源：https://www.163.com/dy/article/G8BP11Q00518W2M8.html）

图 5-4　南京珺懋酒店傲途格精选内部

（图源：https://graph.baidu.com/pcpage/similar?carousel=503&entrance）

图 5-5　杭州不是居·林丨疗愈系度假酒店外部

（图源：https://www.sohu.com/a/604897489_121124703）

图 5-6　杭州不是居·林丨疗愈系度假酒店内部

（图源：https://www.sohu.com/a/604897489_121124703）

图 5-7　浙江绍兴兰亭安麓酒店外部

（图源：https://hotels.ctrip.com/hotels/7747976.html）

图 5-8　浙江绍兴兰亭安麓酒店内部

（图源：https://hotels.ctrip.com/hotels/7747976.html）

二、制服风格要和酒店的服务风格和谐统一

不同类型的酒店，其服务内容不同，服务风格也有各自的特点。例如：商务型酒店的服务侧重简明便捷，度假型酒店的服务侧重亲切体贴。因此，员工制服的设计也应该配合酒店服务特点来塑造员工的职业形象，避免华而不实的制服形制。

三、制服风格要和酒店所处的地域风情和谐统一

无论是哪一类酒店，当客人来到时，首先感觉到的是地域差异和风土人情的不同，酒店作为城市或地区形象的窗口，应有意识地将本土文化和风土人情通过酒店制服的形制适当的传递给客人，迅速让客人感受到一种亲近感。成功的酒店制服设计，既要展现当代的时代精神和审美，体现以人为本的设计理念，还要层层递进，塑造出不同地域、不同民族、不同种类的酒店所特有的地域风情。

四、制服设计应注意"共性"与"个性"的平衡

职业装研究的是群体和个体的问题，因此也就包括了共性和个性的问题。

（一）共性特点

酒店制服，首先属于职业制服范畴，因此，无论何种级别的酒店制服设计都应该具有一定的行业共性，主要表现在三个方面。

1. 对外具有行业服装的共性特点

酒店制服设计应展示出酒店行业的共同特征，彰显酒店行业的专业性和规范性，体现出酒店服务行业亲和、有素、礼貌的行业特质。

2. 对外具有酒店整体视觉形象的统一性

酒店虽然工种繁多，但所有人员的制服都应力求体现和谐、统一的酒店整体视觉形象，传达一致的、共同的企业理念，强化客人对酒店品牌形象与文化的认知。

3. 国际通识性

对于国际性酒店来讲，制服设计应具有较高程度的国际通识性，便于不同国家的客人理解和认同，给国际宾客以"宾至如归"的感受。

（二）个性特点

除了以上的共性元素，酒店制服设计还需要考虑到本身的个性特征。具体来

说，酒店制服的个性也有三个方面的含义。

1. 对内具有区别性

在酒店的整体职业装系统中，个体的制服应突出本部门不同的工作性质和工种，也就是某个具体岗位的制服与企业中其他岗位相比，其本身所具备的个性化元素。个体的制服设计在酒店内部应具有岗位和层级上的区别，便于客人与员工之间、员工与员工之间的识别。

2. 对外具有区别性

对外具有区别性就是某个酒店的制服特色在整个酒店行业中所具备的个性化特征，需要在该行业中能体现出其不同的定位与主题文化，对外展现独特的个性，区别于其他酒店，提升员工的归属感和自豪感。

3. 自由化程度

相较于国际性酒店，某些国际性不强的酒店可以根据自身不同的主题定位和服务特点对制服风格进行适当的调整，提升制服的个性特点与舒适度。

综上，在酒店制服时尚化设计过程中，应遵循"共性"与"个性"相协调、"个体"与"整体"相协调的原则，运用辩证统一思想，在体现行业性、视觉整体性、国际通识性的前提下，去展现酒店的个性化、时尚化特征。

五、制服设计应注意"职业化"与"时尚化"的平衡

一方面，酒店制服作为职业制服，应具有"职业化"的特征，具备职业制服所应该具备的象征性、层级性和功能性，体现出旅游酒店服务行业的亲和、干练、整洁、信任感；体现酒店行业的专业性，符合酒店服务的规范和标准；展现酒店团队的整齐划一，提升酒店的整体形象。同时，酒店制服应强调制服的实用性和耐用性，以满足酒店工作的需求。

另一方面，面对新时代、新需求，酒店制服设计师需要对传统酒店制服设计观念进行更新，需要突破以往沉闷单调的制服款式、色彩和搭配，凸显制服的特色化与时尚性。同时，受时尚文化的影响，职业着装时尚化被越来越多的人认可，职业装与时装的"跨界"融合已经成为职业着装的新风潮。制服设计可以结合当下流行趋势，使制服更具时尚感；运用新颖的设计元素，提升制服的吸引力；在保持职业化的基础上，融入个性化的时尚元素，提升员工的个人魅力。

　　值得注意的是，酒店制服设计的"职业化"与"时尚化"需要掌握好其中的尺度与分寸，在职业化和时尚化之间找到平衡点，在舒适性和美观性之间找到平衡点，既体现专业性又具有时尚感。过度的时尚化会降低职业化的态度和形象。如何协调两者的关系和尺度，在"职业化"的前提下求新、求变是设计师要面对的一个新课题。

第七章　酒店制服时尚化设计思路和方法

酒店制服设计遵循着时装设计的一般规律和方法，与时装设计在设计美学上是一致的，同样受到形式美法则的支配，但是酒店制服又具有职业装特有的设计语言，受制服设计特有的理念限制。

第一节　认知企业

酒店制服设计与其他任何一类设计项目一样，第一个步骤应当是调研，即站在宏观和微观的角度上去认知命题企业——制服所归属的特定酒店。宏观角度，是指研究同类酒店制服的普遍性质和特点；微观角度，是指针对具体酒店的定位、文化、类型、制服需求来进行研究和分析。在制服设计中，首先要根据企业的定位来确定服装的风格，采用与企业识别系统统一的视觉元素来统构全局。

企业识别系统，英文为 Corporate Identity System（CIS）。Corporate：法人、团体、公司（企业）；Identity：身份、特征、一致性；System：系统、秩序、规律和体系。CIS 是将企业的经营理念与精神文化，运用整体传达系统（特别是视觉传达系统），传达给企业的相关体系以至全社会受众，在企业的内部、外部以及相关的环境产生一致的认同感和价值观，从而为企业的生存发展创造良好的市场经营价值和良好的社会文化环境，最终促进企业产品和服务的销售。具体来讲，包括以下三个方面的内容：

一、理念识别系统与制服设计

制服可以说是由企业或团体"命题"而产生的服装品种。所谓"命题"，就是指理念识别（mind identity），它是企业 CIS 的灵魂，是一个企业整体的价值观，是企业内涵的集中表现，也是建立整个企业识别系统运作的原动力和实施基础。企业理念的确立，不仅决定着全体成员在事业发展过程中应当保持的姿态，也指引着企业未来的发展方向和目标。企业经营理念的明确与完善，是整个企业识别系统的关键。企业理念一经确定，就应当以宗旨、方针、信条、企业精神、企业文化等形式渗透到包括生产、营销、管理的各个方面。在这一过程中，员工与企业环境（包括物理环境和人文环境）充分互动，企业理念得以逐步深化，员工的思想意识、言行举止等方面逐渐与企业理念相得益彰，进而对企业员工的着装风格从客观和主观上都会有一定的引导和借鉴作用。同时，职业装也有助于进一步增强员工的团队意识，提升其责任感。因此，职业装是企业理念的产物，又极大地推动了企业理念在企业中的贯彻实施。

由于每个企业持有不同的企业理念，即便是生产同类产品的企业，也会在制服风格的选择上有很大的区别。以理念分别为"超越自我"和"以人为本"的两个企业为例（如表7-1所示），前者表现的是强烈的进取精神和对高端品质的执著追求；而后者表现的则是一种浓浓的人文关怀和体贴入微的服务承诺。因此在制服的设计上两者会存在风格差异。酒店制服设计要根据酒店的定位来统构全局。

表7-1　企业的不同定位影响制服设计的风格

企业理念	超越自我	以人为本
制服风格	简洁、明快、充满力量	流畅、柔和、富于亲和力
制服细节处理	结构线硬朗，色彩分割明确，以质地精密、挺括型面料为首选	结构线流畅圆润，色彩温和稳重，以柔软、舒适型面料为首选
制服配饰	紧凑、轻便	完整、协调

二、行为识别系统与制服设计

作为理念识别系统的外在表现，行为识别（behavior identity）是一种动态的识别形式，它包括企业从产品生产到市场营销，从服务的项目到形式，从工作环境的建设、维护到新技术的开发推广，从员工的生活福利到素质教育等的一系列活动。行为识别涉及的内容广泛，实施力度弹性巨大，这使它成为CIS的三个子系统中最难以量化和驾驭的一个。

行为识别作为企业一切行为的准则，制约着企业有形整体活动的方方面面。有了行为识别系统，企业的理念才能落到实处，推动企业良性发展。在企业内部，制服可以用于指导员工规范自己的职责范围和言行举止。例如，身穿三粒扣西装的酒店大堂经理，不应该满头大汗地去帮客人搬行李，而是应该和颜悦色地给客人以亲切的问候，同时还要耐心地解答客人提出的各种问题；而服装上带有明显横条边饰的行李员，则应当尽量避免和客人过多攀谈，而是娴熟地帮客人取放行李，以让客人体会到宾至如归的感觉。服装与穿着者的关系密切，设计师设计制服时必须要从员工具体的工作状态和工作内容出发，协助穿着者更好地完成工作内容。

制服不但是酒店展现良好行为规范和社交礼仪的重要工具，而且其款式、面料、做工等各种细节处理还能够让他人在短时间内感悟到酒店的企业文化、经济实力、管理水平、经营项目等内在信息。

三、视觉识别系统与制服设计

视觉识别（visual identity）是受理念识别控制的、具体和直观的企业理念表现，是一种静态的识别形式。只有把抽象的企业理念加以形象化、视觉化，才能够快速而鲜明地将企业信息传达给公众。因此视觉识别系统也被认为是层面最广、效果最直接、传播力与感染力最强的企业识别方式，而作为构建某一团体象征符号和传递企业重要信息的职业装，是视觉识别系统中应用设计领域的重要组成部分。

1. 企业标志与制服设计

从形式和功能来看，企业的标志可以分为视觉性标志和语言性标志。语言性标志是指企业的具体名称，例如"×××酒店"，它是人类语言对一个实体或者实物的一种语言表述，而视觉性标志则是指用特定的图案、色彩、字体或是这几者的相互组合形成的象征符号，具有权威性、可识别性、稳定性、适应性和审美性等特征。人类通过眼睛将标志图像信息传输进大脑，并依据自身已有的知识结构来展开对其内在意义的思索与联想，从而对标志图像所代表的企业形成一定的认知和印象。由于标志设计是视觉传达中应用最为广泛、出现频率最高的识别信号，因此，在制服设计的过程中，设计师应当充分考虑企业标志与服装载体的结合，除了凸显标志自身的审美价值和高度的辨识性以外，还要考虑在应用设计阶段表现出来的对灵活多变的适应性。

2. 企业标准色与制服设计

由于色彩往往要比图形和文字更能够对人的感官造成刺激，因此，设立标准色，通常是企业视觉识别系统的基础设计项目中很重要的一个环节，通过对标准色的应用，企业既可以塑造良好的形象，又使得企业展开的市场营销战略有据可依。

随着视觉识别理念的普及和深化，产品同质化概率的提高，企业单靠一种颜色识别变得越发困难，"标准色+辅助色"的做法被许多企业采纳。在实际案例中，将企业标准色或辅助色套用在制服上的例子很常见。

3. 企业辅助图形与制服设计

企业视觉识别中的辅助图形，是对企业标志里的核心要素（如形状、颜色）进行强化或延伸设计，以达到增强视觉沟通效果的目的。

辅助图形的来源一般有两种渠道。一种是脱胎于企业标志，即将标志中富有特点的形状提取出来，保持其特征或某些局部造型，可以视具体的环境进行面积、长度、色彩上的调整，但图形的设计语言一定要与原标志的设计语言相呼应。另一种是引入另一种造型，即采用单纯的几何图形，如圆点、曲线、条纹星形等，通过对它们进行不同的排列组合形成内容丰富的图案，但其构成形式应当以烘托出基本设计要素为目的。

与严肃而权威的企业标志相比，辅助图形一般较为活泼、明朗，因此它常常具有一种活跃气氛、调节视觉节奏的潜在功能。根据这一特性，在职业装的整体设计中，企业辅助图形是一种重要的装饰元素，成为服装和服饰品的主要装饰图案来源。

综上所述，在设计调研阶段，设计师应向酒店索取《企业形象识别系统规范手册》，通过它可以获取设计对象的概念、定位、要素、种类、内容等重要信息，明确设计的"展开基准"和"基本要素转换"的原则。制服的设计不能仅仅将诉诸的重点放在审美价值、流行程度等一般时装的创作规律上，而是必须时刻明确自己该有的设计原则和发挥尺度。

此外，设计师可以通过实地考察，了解该酒店的建筑风格、环境、组织架构、岗位工作特性等细分要素，为日后的款式设计建立信息基础。

当然，在某些状况下，有些酒店根本没有系统的《企业形象识别系统规范手册》，服装设计师必须力争在短时间内与酒店方一起，结合酒店定位和特点树立一个虚拟的视觉识别系统，作为展开服装设计工作的参考依据。

第二节　匹配岗位

正如前文所述，酒店制服是个庞大的系统，具有工种多、分工细的特点。不同的岗位有与之相对应的岗位特点和职能需求。在制服的设计中，除了要顾及服装的外在形式和象征性，更要充分考虑服装内在的实际功能性，由于服装与穿着者的关系密切，因此必须要从员工具体的工作岗位和工作内容出发，不能忽视员工在工作中的每一个细微的举动。

有一个例子，某航空公司的空姐制服原先采用的是将上衣束进裙腰里的着装方式。当空姐伸手去帮旅客将行李放进高处的行李架时，束起来的上衣常常会从腰间滑出，为了保持整洁的形象，空姐们在帮旅客放完行李后，都必须退回工作间，把散开的衣服整理好。类似的情况反复发生，空姐有时甚至要一连跑几个来回，非常麻烦。针对这一情况，航空公司将制服改为连身裙的样式，以弥补这一缺陷，并局部采用了中国传统的旗袍风格。如此一来，简化了空姐们整理制服的过程，制服有不平整的地方，只要悄悄地拉抻一下，或迅速用手抚平就可以了；并且，立领和偏襟的设计，能有效防止动作幅度较大时领口和身体侧面的走光，工作效率也得到了提高。由此可以看出，虽然从形式上制服的设计更多属于视觉系统里的"静态"内容，但它的内涵确实与行为识别系统密不可分。制服设计的成功与否，很大程度上取决于行为识别系统对它的验证。

第三节　酒店制服的着装形式

虽然酒店服装的视觉变化较快，但概括起来，形态上主要有单件装、套装、组合装这三种形式。

1. 单件装

单件装通常指上下连为一体的服装形式，多用于女装。从长短不同的连衣裙到各种款式的礼宾服装，酒店制服女装经常采用这种形式。单件装服装层次较少，为了营造良好的视觉效果，常常采用花色面料或相拼材料制作，并加以适当的配饰设计。

2. 套装

套装一般指在材料选用、色彩搭配上有一致性的配套性的服装，分上下装或内外装两种形式。例如：西装套装、女西装套裙等。套装包括长短外套、衬衣、西裙或西裤、裙子、马甲（背心）等。

3. 组合装

组合装是不同种类的服装搭配组合的穿着形式。这类服装不同于套装，不必拘泥于采用一致的面料或色彩来搭配，服装形式较多，大衣、外套、背心、衬衫、裙子、裤子、连衣裙等，均可以搭配组合。其产生的视觉效果较为丰富，这也是酒店制服中常常采用的服制形式之一。

在运用组合装的过程中，要注意材料厚薄和服装层次的关系。层次多的服装，面料的色彩宜于简单，适宜选择轻薄类织物，岗位级别高的制服相对来说层次不宜复杂。

第四节　酒店制服的款式设计

服装的款式设计包括外廓型设计和内造型设计。外廓型是服装在被穿着之后的外轮廓形状。例如，收腰的 X 型或不收腰的 H 型等。内造型也称内结构，是在外廓型确定之后服装内部的领形、袖形、袋形或省道的位置、数量和造型等。

一、款式设计的常用方法

围绕职业装基本款和基本着装形式，酒店制服设计应结合不同岗位考虑款式设计。常用的设计方法可参考以下七种：

1. 加减法

一般来说，在侧重审美性的岗位中，加法用的较多；在侧重功能性的岗位中，减法用的较多。无论是加法设计还是减法设计，恰当和适度是非常重要的。加减法注重素材的增减比重和比例，注重整体的形式美感，在整体的造型表现上能清晰地展现原有的素材形态（如图 7-1 所示）。

图 7-1　加减法设计示例

2. 拆解组合法

拆解组合法是在原素材的基础上，拆解或打破原有的素材形态，经过组合变化，形成一个新的设计形象（如图 7-2 所示）。使用这一方法要注意避免刻板机械的设计组合，要利用素材的精华要素，根据设计主题的需要，突出亮点，依照形式美法则，巧妙灵活地进行拆解组合，从而达到出奇制胜的设计效果。

图 7-2　拆解组合法设计示例

3. 自然摹仿法

自然摹仿法是采用摹仿自然形态的手法进行设计，着重于突出设计的写实性，它能直接表现出某种素材在服装上的外在体现，烘托出设计主题的气氛，如鱼尾裙（如图 7-3 所示）。值得注意的是，自然摹仿法的运用可整体、可局部，手法灵活。

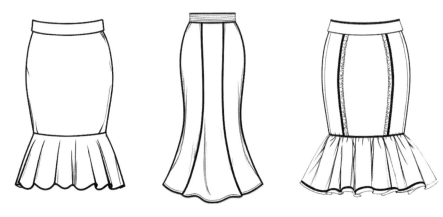

图 7-3　自然摹仿法设计示例

4. 转移法

转移法是将一种事物转化到另外一种事物中使用，这可以使在本领域难以解决的问题，通过移位，产生新的突破。它主要表现为按照设计意图将不同风格、品类、功能的服装元素相互置换，相互渗透，从而形成新的服装设计。例如：将正装的元素转移到休闲装，将时装的元素转移到休闲装，转移过程中由于双方所分配的比例不同，会碰撞出很多种可能（如图 7-4 所示）。

图 7-4　转移法设计示例

5. 同形异想法

同形异想法是利用服装上可变的设计要素，从一种服装外形衍生出很多种设计方案。色彩、面料结构、配件、装饰、搭配等时装设计要素都可以进行异想变化。例如：可以在服装内部进行不同的分割设计，这需要充分把握好服装款式的结构特征，线条分割应合理、有序，使之与整体外形协调统一，或者在基本上不改变整体效果的前提下，对有关局部进行改进与处理（如图 7-5 所示）。

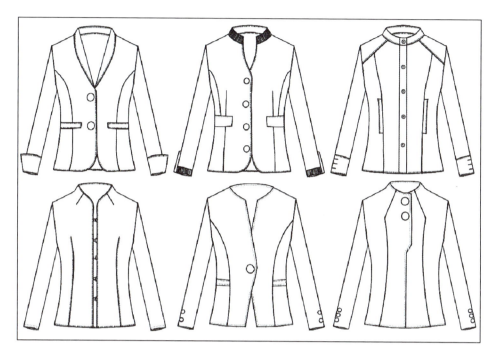

图 7-5 同形异想法设计示例

（图源：https://art.cfw.cn/art/style51-0-0-17.html）

6. 局部法

这是一种以点带面的服装设计方法，从服装的某一个局部入手，对服装整体和其他部位展开设计。使用局部法要善于发现美而精致的细节，从而引发设计的灵感，将其经过一定的改进，用于设计新的服装，而其他部位依据细节特点的感觉顺势进行设计。

7. 限定法

限定法就是围绕某一目标，在限定某些要素的情况下进行设计的方法。在服装设计中有价格限定、用途功能限定、尺寸限定，以及设计要素、造型、色彩、面料结构、工艺等方面的特殊需求限定（如图 7-6 所示）。

二、款式变化的主要部位

不论男装还是女装，其款式变化的主要部位是：一门、二胸、三缝、四孔。这些部位的变化对于酒店装制服风格的体现起了很大的作用。

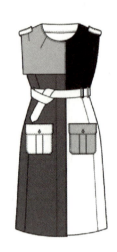

图 7-6　造型限定法设计示例

1. 一门

"一门"指门襟，例如：叠门襟、斜门襟、对门襟、暗门襟、大门襟、后门襟等。此外，还有拉链明襟、大襟、纽攀、对襟、一字襟、琵琶襟，这些传统门襟都对服装风格的塑造起到了画龙点睛的作用。

2. 二胸

"二胸"指两片前衣片。前胸是服装造型的关键，尤其是女装。所有省道，必须以两胸为中心取势。例如：肩省、腋下省、腰省、高背省以及各种胸部褶裥等。各种胸袋设计的位置也在这里。

3. 三缝

"三缝"指肩缝、左右摆缝。肩缝可前后移动，也可以过肩；可以用肩斜角度来调整服装造型，也可以把肩缝与袖子拼缝相连，变化服装款式。摆缝的关键是以腰线为中心，调整服装造型，可以收腰，可以直身。

4. 四孔

"四孔"指领圈孔、左右两袖孔、腰节及下摆孔。

服装的领子分有领与无领，一般来说，领型的变化是依据领圈孔的形状而定的。领圈的变化可变换领型的大小及领子的式样。例如：圆领圈、椭圆领圈、方领圈、V 字领圈、方圆领圈等。

领圈孔与领型的变化是以服装款式变化为中心的。圆领圈宜配有领座的各种领型及翻领、立领，适合男女翻领衬衫、立领夹克等；V 字领圈适合各类男女有驳头的西装、夹克衫、女式衬衫等；椭圆领圈、一字型领圈、方领圈适合夏季女式薄料无领衬衣或连衣裙等。

袖孔的变化更为丰富。依据袖窿大小、形状的变化，袖孔可变化为装袖、套袖、蝙蝠袖、灯笼袖等。夏季各式薄料衣装也常取无袖造型，如无袖旗袍、无袖连衣裙等。

腰节高低可调节人体比例，腰节可调节成高腰、自然腰、低腰三种。

下摆孔有水平式、圆型、倾斜式、角型、松紧型、前短后长型或不规则型的变化。水平式下摆是常见形式；圆型、倾斜式、角型下摆常用于女装；男士西装背心前片因穿着需要也用角型；松紧型多用于各式男女夹克；前短后长型常用于男士西装礼服；不规则型常用于各类女性时装或演出服。

以上各部位无论产生怎样的变化，需要注意的是，应保证领、袖、门、袋及配件款式设计的统一、协调和呼应。例如：领口、袖口、下摆口的统一，袋口装饰的呼应，领型与袖子、领型与门襟的协调，服装与纽扣、拉链、腰带或其他配件在造型、色彩上的协调。

女士服装款式大多数是为了把女性身材曲线展示出来，为此，设计师要更加注重腰、臀等部位的线条设计，男士服装款式则是注重胸围、肩宽等方面，以展现男士的稳重。同时，女士西装的款式基本是4开身和3开身，男士西装则偏少，多是2开身和3开身。此外，男女服装的门襟上下位置不同，钮眼是男在左，女在右。

三、各种设计线的运用

因为不同线条所产生的视觉效果完全不一样，所以正确安排、处理制服设计的内部设计线，对于酒店制服设计风格的把握具有重要的作用。内部设计线因线条种类的不同，可分为以下五种基本类型。

1. 垂直线设计

垂直线常常引导人们的目光做上下移动，给人以挺拔、幽雅和严峻感，有拉长身体线条的视错作用。

2. 水平线设计

水平线通常引导人们的目光向左右移动，给人以平衡、宽度感。不过，水平线的数量要是增加的话，线条的视觉效果就会随之改变。因为，间隔的水平线一旦增加到一定的数量，就能引导视线做上下移动，从而失去了水平线原有的特色。

3．斜线设计

斜线不像水平线和垂直线有各自的稳定重心，它给人以随时会倒下的感觉，具有动感，常常给人以活泼、不安定、轻快的感觉。近似垂直的斜线设计，高度见增，幅度见窄；而接近水平线的斜线设计，幅度见增，高度见低。

4．交叉线设计

交叉线设计是斜线设计的重复体现，它具有与斜线设计相同的效果，从某种意义上说，它比单一的斜线更自由、多变。

5．自由线设计

自由线包括波浪线、螺旋线等较自由、活泼、富有变化的线条。自由线设计能给人以天真、优美、饱满的感觉。这种富有变化的线条，很容易造成比例不平衡和线条混乱，它是一种难度较高的设计。

当然，在酒店制服的具体设计中，对不同类型线条的运用远远不止这些，只要我们能从比例、均衡、变化等美感角度加以考虑，就能使服装内部线设计更为合理、完美。总的来说，酒店制服的设计应恰到好处，款式、线形既不要过分突出身体曲线，又要保持一定的适体度，确保着装人员的活动舒适性。

第五节　酒店制服的色彩设计

一、色彩设计基本原理

色彩是视觉的第一印象。虽然视觉所感知的色彩变化万千，但我们会发现，任何色彩的变化都是色相、明度、纯度上的变化，这三个方面是色彩最基本的构成要素。

1．色彩三要素

（1）色相

色相指色彩的相貌，即各种色彩具体的名称。确切地说，是依波长来划分色光的相貌，每种波长就是一种色相。即：红、橙、黄、绿、青、蓝、紫。

（2）明度

明度是指色彩的明暗度，亦称亮度。明度最适于表现物体的立体感与空间感。在色彩中白色明度最高，黑色明度最低。黑与白是明暗对比的两极，它们之间可以形成许多明度台阶，视觉最大明度层次的识别能力可达 200 个台阶，在色彩中我们称为色阶。普通实用黑与白明度的色阶标准大多定在 0~10 级。在有彩色系中，每种颜色的明亮程度也不相同，其中以黄色最亮，紫色最暗（如图 7-7、图 7-8 所示）。

图 7-7 黑白灰明度色阶示例

图 7-8 有彩色系的明度差异

在配色时，如果两种色彩的明度过于接近，则会产生单调、模糊、主次不分的效果。

（3）纯度

纯度是指色彩的鲜艳程度，又称彩度、饱和度，是指颜色中含"杂质"的程度。标准色的纯度最高，色彩最鲜艳。如果在标准色中混入白色、黑色或其他颜色，其色彩的纯度就下降（如图 7-9 所示）。

一般来说，纯度高的色彩给人一种强烈、鲜艳、活跃、刺激的感觉；纯度低的色彩给人一种脏灰、含混、无力的感觉；而中等纯度的色彩具有温和、柔软、含蓄的特点。

在服装的标识性上，纯度、明度较高的色彩常常被运用于在户外环境中工作的人员制服，而服务业的工作服则对于色彩的心理暗示有较高的要求，如柔和的粉红、粉蓝等色彩被运用在医疗护理行业制服，稳重的灰色系被用于教育行业制服等。

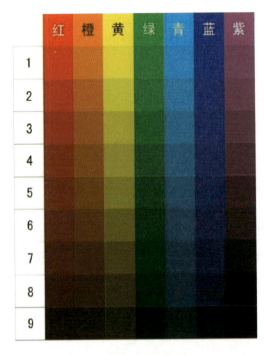

图 7-9　色彩的纯度变化

2. 色彩的表示

色彩的丰富多样性，使得我们对很多的色彩无法用词汇来命名，即使是用语言描述也存在着难度，不同的人对色彩在认知和解释上也存在着一定的差异。色彩学家把色相组成色相环的形式，使人们容易识别。把可见光谱的两端闭合，就形成了色相环，也可以简称为"色环"或"色轮"。

色相环的种类有牛顿的 6 色相环、伊顿的 12 色相环、孟塞尔的 100 色相环、奥斯特瓦尔德的 24 色相环、日本色彩研究所的 24 色相环。以伊顿色相环举例，12 色相环的排列顺序是红、红橙、橙、橙黄、黄、黄绿、绿、蓝绿、蓝、蓝紫、紫、红紫。在这个色相环上，我们能够很清晰地看到原色、间色和复色之间的变化关系（如图 7-10 所示）。

常用的色彩管理体系有：潘通（Pantone）色彩体系、蒙赛尔（Munsell）色彩体系、奥斯特瓦尔德（Ostwald）色彩体系、NCS 自然色彩系统、PCCS 色彩体系以及专门用于纺织服装行业的 CNCS 纺织品色谱。

图 7-10　伊顿的 12 色相环

（图源：https://baike.sogou.com/v523123.htm?fromTitle＝）

3. 色彩的情感

色彩本身没有情感，是人的心理活动对客观世界的折射，色彩的美感使人同时在生理和心理上获得满足。虽然色彩引起的复杂感受是因人而异的，但由于人类生理构造和生活环境等方面存在着共性，因此在色彩的心理方面也存在着共同的感受。

色彩的情感主要体现在四个方面：

（1）色彩的冷暖感

色彩的冷暖感来自人们对色彩的联想作用。例如，从红、橙、黄色能联想到火焰、太阳等，给人以温暖的感觉，故称为暖色；从蓝、绿色能联想到海洋、绿荫等，给人以寒冷的感觉，故称为冷色（如图 7-11 所示）。暖色能给人温暖、兴奋、刺激的感觉，冷色则给人以清凉、沉稳、安静的感觉。给人感觉不冷不暖的白色、黑色、灰色、金色、银色称为中性色。

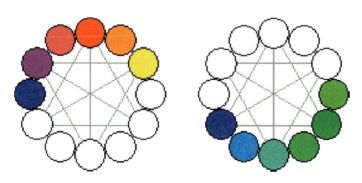

图 7-11　暖色系与冷色系

（图源：http://www.360doc.com/content/20/0613/10/77937_918206231.shtml）

（2）色彩的轻重感

色彩能在人的心理上产生轻与重的感觉。例如，白色会让人联想到轻飘飘的雪花，黑色会让人联想到沉甸甸的铁球等。色彩的轻重感一般由明度决定，明度越高的色彩越具有轻盈感，明度越低的色彩越具有沉重感。

根据色彩的这些特性，在设计服装时应注意服装中的不同色彩组合带给人整体的视觉重量均衡感。

（3）色彩的华丽感与朴素感

鲜艳而明亮的色彩通常具有华丽感，浑浊而深暗的色彩通常具有朴素感；色相缤纷的组合具有华丽感，单一色彩具有朴素感。

（4）色彩的兴奋感与沉静感

从色相上来说，暖色系具有兴奋感，冷色系具有沉静感。从明度上来说，明度高的色彩具有兴奋感，明度低的色彩具有沉静感。从纯度上来说，纯度高的色彩具有兴奋感，纯度低的色彩具有沉静感。从对比度上来说，强对比的色彩有兴奋感，弱对比的色彩有沉静感。

4. 色彩的象征意义

由于色彩的象征意义受到观者年龄、性别、性格、文化、教养、职业、民族、宗教、生活环境、时代背景、生活经历等因素的影响，其内涵也因此丰富多变。总的来说，每种色彩都有两个层面的象征意义，一种是积极意味的，另一种是消极意味的，具体的象征意义要根据色彩的使用环境和色彩的搭配组合来综合判断，本书关于色彩的象征意义是基于中国传统文化背景进行介绍的。

（1）红色

红色是最鲜艳的色彩，总的来说，它有温暖、热情、警惕、庄严、富丽、艳丽、刺激的情感特征。例如：节日张灯结彩就显得喜气洋洋；会客大厅铺上深红色的地毯就显得热情和富丽堂皇；交通灯使用红色表示停止和危险，能引起人们的注意和警惕（如表 7-2 所示）。

表 7-2 红色的象征意义

类型	具象联想	抽象联想	
		积极联想	消极联想
红色	太阳、日出、玫瑰、苹果、红旗、红灯、鲜肉、火焰、鲜血	热情、革命、理想、前途、忠诚、团结、胜利、勇敢、活力、积极、旺盛、饱满、充实、温暖、隆重、欢迎、节日、婚寿、喜庆、爱情、幸福、成熟、艳丽、鲜美、甘甜	危险、警告、战争、灾害、恐怖、爆炸、受伤、死亡、愤怒、庸俗、浮躁

（2）黄色

黄色近似金色，有庄严、光明、亲切、柔和、活泼的情感特征；黄色是佛教的代表色，也是封建帝王专用的颜色。鲜黄色较为刺目，土黄色、褐黄色和奶黄色较为柔和，常常作为酒店的墙面和家具之色（如表7-3所示）。

表7-3　黄色的象征意义

类型	具象联想	抽象联想	
		积极联想	消极联想
黄色	阳光、五谷、秋菊、向日葵、柠檬、食品、黄土、沙漠、黄金、黄种人、佛光	光明、轻快、柔和、希望、发展、神圣、崇高、权威、宗教、华贵、辉煌、财富、权力、美丽、芳香、纯净、快活	酸涩、骄傲、淫秽、下流、腐朽、没落、浑浊、病态、嫉妒

（3）橙色

橙色是红色与黄色的混合色，它的象征意义根据其偏红和偏黄的程度而分别带有红色的特性和黄色的特性。

（4）绿色

绿色是春天之色，活泼而有生气，对视力有益。淡绿色调容易和其他色调相调和，便于配色。深绿色调，如墨绿、绿灰色，沉静而没有抑郁感，很适合做服装（如表7-4所示）。

表7-4　绿色的象征意义

类型	具象联想	抽象联想	
		积极联想	消极联想
绿色	草原、森林、植物、农田、嫩芽、邮筒、迷彩服	春天、生命、理想、信仰、知识、永恒、希望、青春、娇嫩、成长、健康、和平、安全、旅游、疗养、镇定、清爽、休息、新鲜、农业、林业、邮政、卫生、军事	未成熟的、没有经验的、股价下跌

（5）蓝色

蓝色显得沉静，且有凉爽、舒适之感，也蕴含和平、深远、冷淡、阴凉、永恒、悠久、理智之意（如表7-5所示）。

表 7-5　蓝色的象征意义

类型	具象联想	抽象联想	
		积极联想	消极联想
蓝色	海洋、天空、湖水、远山、激光、宝石	深远、悠久、崇高、信仰、灵魂、天堂、自由、不朽、纯洁、透明、流动、轻盈、优美、真实、理智、平静、素净、凉爽	寒冷、贫寒、忧郁、可怜、冷漠、悲伤

（6）紫色

淡紫色给人以舒适感，深紫色给人以厌倦感。紫色是自然界中较少见的颜色，它具有优雅、神秘、忧郁的情感特征，与中国人的肤色形成对比，且受光的影响较大（如表 7-6 所示）。

表 7-6　紫色的象征意义

类型	具象联想	抽象联想	
		积极联想	消极联想
紫色	紫罗兰、葡萄、茄子、霞光、梦境、紫癜、鱼胆、尸斑、紫服	高贵、优越、奢华、优雅、幻想、流动、爱情、庄重、神秘、虔诚	不安、忧郁、悲哀、痛苦、疾病、毒害、苦涩、恐怖、低级、荒淫、丑恶、庸俗

（7）白色

白色具有纯洁、柔弱、素雅、卫生、轻爽、明快的情感特征。白光有反射作用，光度过强容易刺目，它给人以寂寞、冷淡之感。在酒店制服设计中通常作为内衣或局部用色（如表 7-7 所示）。

表 7-7　白色的象征意义

类型	具象联想	抽象联想	
		积极联想	消极联想
白色	白光、冰雪、云彩、丧服、婚纱、白糖、白纸、白兔、面粉、白花	洁白、高雅、纯正、神圣、光明、清静、干净、卫生、朴素、畅快、单薄、医疗、轻盈、坚贞	奸诈、哀伤、哀怜、冷酷、不祥、恐怖、寒冷、凄凉、投降

（8）黑色

黑色表示悲哀、失望，使用得当也有沉静大方之感。黑白两色都属极色，达到了色彩的极端。黑色使人感到消沉，缺乏生气，但并不是一概不能用。在装饰过于轻飘或明亮的服装中适当点缀黑色，往往也可以收到很好的效果（如表 7-8 所示）。

表 7-8　黑色的象征意义

类型	具象联想	抽象联想	
		积极联想	消极联想
黑色	夜晚、墨汁、黑牢、黑社会、黑板、木炭、丧服	神秘、高贵、含蓄、严肃、肃穆、庄重、威严、公正、坚毅、坚持、考验、休息、安静、深思	寒冷、死寂、黑暗、捉摸不定、阴谋、迷失、恐怖、烦恼、消极、忧伤、悲痛、死亡

（9）灰色

灰色属于中和色，它包括光谱中的七色，和任何色彩相配都协调。浅灰色给人以恬静大方之感，但必须有其他色彩的调配烘托，否则就会显得颓废消沉（如表7-9 所示）。

表 7-9　灰色的象征意义

类型	具象联想	抽象联想	
		积极联想	消极联想
灰色	阴天、灰尘、水泥、影子、灰鼠	平凡、谦逊、中庸、温和、休息、高雅、含蓄、朴素、朴实、沉稳	暧昧、浑浊、不安、消极、失望、绝望、单调、沉闷、枯燥、寂寞、忧郁、颓丧、压抑、惆怅、怀疑、陈旧、龌龊、卑秽、乏味、枯萎

二、影响制服色彩设计的因素

色彩设计是服装设计中最响亮的语言。不同地域、不同定位、不同主题的酒店，制服的色彩方案也不尽相同，具体采用什么样的色彩方案，需要综合考虑以下六个方面的因素：

1. 岗位功能需求

制服的色彩应当综合考虑员工的具体工作种类、岗位特点和功能需求。从酒店的角度出发，若行政人员的服装颜色太过艳丽，会被认为富于刺激性和戏剧性，而若迎宾人员的服装颜色过于暗沉，则会给人消极和冷淡的感受。客房服务人员、前厅接待人员的服装可采用与环境色一致的色系，以给人温柔、和谐和舒畅的感觉；餐厅服务人员可以采用同类色或对比色调的服装，与环境色共同营造轻松、愉快的色彩感觉，增加客人的食欲。

如果所有岗位都采用一种色调，客人走到每一处都是一种感觉，又会显得单调、平淡、缺乏变化，着装人员的岗位职责也易混淆。除此以外，岗位的行政级别、部门的从属关系等也是影响色彩设计的因素。

2. 周边环境

服装与环境的关系，从表现形态上基本呈现出两种情况：一种是与环境和谐，另一种是与环境产生对比。

从传统上讲，从事文职类工作的人员，其职业装多选择与周边环境相融合的色彩，目的是形成"穿着的一致性"，促进与他人的快速沟通，并形成融洽的互动关系。而以体力劳动为主的人员，其职业装的色彩与周边环境的反差比较大，目的是突出活跃感以及安全性。

当然，随着时代的发展，职业装用色日益多元化，包容性也在逐渐拓宽，具体是采用"协调"还是"对比"的方案，还要结合以下因素加以综合考虑：

①员工所处的人文环境。其主要包括酒店类型、企业文化、民族文化等。例如：商务型酒店应选择淡雅、和谐、庄重的色调，过多、过激的色彩会破坏酒店宁静的气氛；而旅游型酒店，服装色彩则需要尽量体现地方特色和民族格调。

②员工所处的物理环境。其主要包括地域地区、建筑环境、气候季节等。一般酒店制服套装可分为春夏装和秋冬装。从明度上讲，春夏装适宜选用中明度的颜色，如中灰色、浅灰色、米色、浅棕色等；冬装适宜选用深色，如黑色、藏青色、木炭色、深灰色等。从色彩的冷暖调性来讲，春夏季多用冷色；冬季多用暖色。

3. 行业传统色

在人们的生活经验中，某些颜色和某些特定职业似乎已经形成一种固定的搭配关系。长期的行业经验积累和从业者相似的心理积淀，共同促成了色彩与职业之间内在意义的联结，从而使其具有抽象的符号化特征、严格的承传性和高度的群体性。例如：医生、厨师服装为白色，保险销售人员服装为黑色等。因此，设计师在进行制服的色彩设计时，不能单纯为了追求创新而任意地改变传统的行业色彩，否则容易让人感到陌生和困惑，从而影响到企业的整体形象。

在如今竞争激烈的社会中，也有一些企业为了从同行业中脱颖而出，尝试"反其道而行之"，塑造自己独特的形象。例如，某些私立康复中心的护士制服摈弃了传统的白色，而采用柔和的粉彩色系等。究竟是延续传统的行业色彩，还是颠覆旧有的模式，设计师应当根据企业方的具体要求，有针对性地区别对待。

4. 可操作性

由于印刷油墨与纺织染料从化学成分到物理性能都不尽相同，因此某些在纸介质上能够显现的颜色，在面料上却很难形成，即使能够实现，也要付出高昂的成本。此外，显示器的色彩与实际面料的色彩也有一定的色差，因此，在设定制服颜色时，一定不能脱离当前纺织品市场现有的状况，也不能只看电脑的设计效果图，以免在未来的实际操作中达不到预期的效果。

5. 织物特性的影响

同一种色彩与不同质感的面料相结合时，因其材质和织造方法的不同，产生的视觉效果迥异。例如，黑色在丝绒、棉布、绸缎上展现出来的视觉效果大相径庭。因此在设计色彩时要考虑到相应的材质选择。

6. 企业标准色

由于企业视觉识别系统中的标准色体现了企业义化的内涵，已经成为一个企业理念的凝结，具有极强的标识性，因此，将企业标准色及其辅助色系的延展应用在职业装设计中是比较普遍的方式之一，这种方式也容易使穿着对象在工作中感受到一种归属感和团队的凝聚力。例如：采用酒店标准色或其邻近色作为主色，以其他色作为辅助色和点缀色，这样可以将所有工种的服装色彩归纳成一个色系，使得每一工种的服装色彩既统一于整体色调之中，又有不同的配置。与酒店标准色相同或相协调的服装配色，容易达到与环境和谐的效果，增加视觉识别的统一性。

应注意的是，有时不能将企业的标准色原汁原味地直接用在职业装上，因为有些企业的标志会采用纯度和明度较高的颜色，以及对比度较强的配色方案。在制订制服颜色方案的时候，如果忠实地套用企业的标准色，很可能会出现违背人们着装观念和着装习惯的情况，也会显得过于夸张和戏剧化，应对其进行一定的处理，在同一色相中适当改变其明度或纯度，以适合职业人士穿着。

第六节　酒店制服的面料选择

面料作为表现制服整体形象的重要组成部分，在制服设计中有着举足轻重的地位。面料选择是否正确、恰当直接影响着制服整体形象的好坏。酒店不同职能岗位的人员、不同服装的造型应分别选用不同的面料。制服面料的选择，要做到规范、标准和创新。

一、面料选择的基本原则

1. 面料使用做到规范

制服的用料要规范，要与酒店的档次以及定位相匹配，以体现相应的品质感，不能因为节省成本而使用劣质、无品质感的面料。

酒店制服一般为套装，其中又分为冬装和夏装。西服套装的总体面料为精纺毛织物，夏季采用精纺薄型织物，冬装面料以全毛为宜，且必须有衬里。由于夏装要从晚春穿到中秋，横跨三个不同的季节，因此，所选材料的季节适应性应增强，一般选毛麻混纺织物，热天凉爽，冷天保暖。夏装也应当有衬里，以防磨损、变形。

单件装连衣裙制服可选用的材料种类较多，但作为制服形式中的一类，要注意面料的挺括、耐洗以及保形性，尤其是现代酒店多为"恒温"型酒店，着装人常年在空调间工作，由于化纤面料服装易产生静电现象，为避免服装吸附在身体上，影响美观，也应在服装中配以衬里。

2. 面料使用达到标准

在面料的印染加工过程中，会使用一些化学染料及助剂。为此，国家在2010年出台并发布的《国家纺织产品基本安全技术规范》（GB 18401-2010），对面料的甲醛、pH值、偶氮、异味等相关指标有明确的规定。面料使用不仅要达到健康的标准，还要达到功能性的标准。一线服务人员的制服用料需满足其岗应该具有的功能性，总体用料以化纤混纺面料为主，也可适当地应用新型功能性面料，但是功能性方面须符合相关标准，在满足健康标准的前提下再创新。

二、面料与职能岗位的关系

酒店的部门是根据经营需要设置的，每个酒店不尽相同，大致可以概括为：对客服务人员、后台服务人员以及管理和行政人员三大类。这些主要部门中，前厅部和餐饮娱乐部为对客服务人员，需要直接面对顾客提供服务，是酒店形象的窗口；客房部、工程勤杂部以及行政管理部门不需要直接面对顾客提供服务，属于后台服务人员。由于服务性质的不同，各部门、各岗位的制服对于款式、面料设计都有不同的要求。一般来讲，职能岗位级别越高，织物原料和织物结构越精细，反之就越粗犷。设计师在选择制服面料时，需依据工种和职务不同，考虑各种面料的特性是否符合岗位需求。

例如：前厅部（也称大堂部）是酒店经营与管理的神经中枢，是酒店为宾客提供接待和服务的窗口，是负责接待宾客、销售酒店客房以及提供餐饮娱乐等服务产品、沟通与协调酒店各部门、为客人提供各种综合服务的对客服务部门，是宾客进入酒店之后，接触酒店的第一视觉点，属于酒店的门面，是酒店整体形象设计的重要组成部分。门童、行李员、礼仪、前厅服务员、接待的制服一般选用毛料或混纺毛类面料，常以混纺毛面料为主，挺括、富有色泽、垂性好、洗涤后不变形为其主要标准（如表 7-10 所示）。

表 7-10　前厅部服装用料要求、面料及特性

标准	前厅部
服装用料要求	挺括、平整、不易变形、不易起皱、易洗涤
面料及特性	常选用混纺毛料织物，如毛涤混纺织物，这类织物不仅具有毛织物的弹性、挺括性，又有涤纶织物的洗可穿特点，服装不易起皱，易于养护、保管，不褪色，不起毛

餐饮部包括各个餐厅的服务人员以及后厨人员。餐厅类服务员制服的材质以化学纤维类织物为佳，要穿着舒适，不易皱、缩水率小，色泽明快、不拉丝、垂性好，污渍易洗不变形等（如表 7-11 所示）。

表 7-11　餐饮部服装用料要求、面料及特性

标准	餐饮部
服装用料要求	防静电、易洗、透气性、有良好的垂感、不易皱
面料及特性	化纤、化纤混纺或者麻纱类面料，这些面料垂性较好、挺括、富有色泽、穿着舒适、不易皱、缩水率小且便于洗涤

厨师服装在功能性方面的要求比餐厅一般服务员制服更有针对性，因此厨师制服的材质选择主要以全棉或涤纶混纺类面料为主，具有坚固、耐磨、耐脏、易洗的特点，同时具有防静电、阻燃、抗油易去污等功能（如表 7-12 所示）。

表 7-12　厨师服装用料要求、面料及特性

标准	厨师
服装用料要求	吸湿透气性好、阻燃、抗油污、防酸碱、易洗涤
面料及特性	以全棉或涤纶混纺类面料为主，具有坚固、耐磨、耐脏、易洗的特点，同时具有防静电、阻燃、抗油易去污等功能

管理人员的职位要求制服更加重视品质与内涵，面料档次可以适当提高。管理人员通常分 A、B、C 级，常选用混纺毛料织物，选择毛料的时候因级别不同对制服毛料的含毛量要求也不同。管理人员制服面料也可选择与毛料品质感相似的其他面料（如表 7-13 所示）。

表 7-13　管理和行政类服装用料要求、面料及特性

标准	管理和行政类
服装用料要求	挺括、不易变形，既平稳又有力度
面料及特性	常选用混纺毛料织物，如毛涤混纺织物，这类织物不仅具有毛织物的弹性、挺括性，又有涤纶织物的洗可穿特点，服装不易起皱，易于养护、保管，不褪色，不起毛

最好的正装制服面料是纯羊毛，强调纱线要比较细，纱支数一般为 60～250 支，纱支数越高，价格越贵。"支"是一个衡量棉纱线粗细的英制指标，1 支代表 1 磅重纱线，长度为 840 码①，80 支就代表 1 磅重纱线长度为 840 码×80＝67 200 码。1 磅重的纱线长度越长，纱线越细。棉纱的粗细是用支数表示的，支数越高，说明棉纱越细；支数越低，则说明棉纱越粗。例如：面料 80 支比面料 60 支细，面料 60 支比面料 40 支细等，以此类推。其中，100 支、80 支、60 支属于高纱支的棉纱，而 40 支、32 支、21 支则属于普通粗细的纱支，而 16 支、10 支、7 支属于粗纱支。选择制服面料的时候也可以此作为判断标准。

三、面料与服装造型的关系

厚重料子适合粗犷外形和有力度的线条，而轻薄、柔软的料子流露出轻盈线条，适合柔和的外形。为了完美地体现设计意图，表现酒店着装人员的岗位形象，设计师应该运用衣料的特性塑造岗位形象。

不同的面料在式样设计和加工工艺上是有区别的。例如：西服套装以花呢、哔叽、华达呢等精纺织物为主，适用于挖袋工艺的细致加工；布雷泽西装以法兰绒为代表的中纺织物为主；夹克西装以苏格兰呢为代表的粗纺织物为主，不太适合用挖袋（不宜细致加工），适合采用贴袋式样。

---

① 1 码（yd）= 0.914 4 米（m）。

四、酒店制服常用面料

1. 丝织物

丝织物是有光泽的面料，由于面料表面光滑，光的反射较为单纯，具有活跃、跳动的特点。缎类衣料在白天强光照耀下十分鲜艳、华丽、耀眼。这类织物用打褶、折大皱纹、抽褶、打花结等手法处理，更能使其显得豪华、富贵。用较薄素绉缎面料做的便服，给人以轻松、潇洒感；塔夫绸略带光泽，柔软性不如缎子，但较硬挺，适合做立体感强的衣服；真丝双绉与缎子、塔夫绸相比，是无光泽面料，它不会过分耀眼，容易给人以稳重、高雅、严谨的感觉，是礼宴场合服装的首选面料，比如餐厅领班的服装等。丝织物种类繁多，有硬质有体积感的，也有柔弱轻薄的，因其具有高雅、华丽感，而常常用于礼仪服装。

2. 毛织物

呢、毛、绒等均属毛类织物，这类织物给人以柔和、沉着、稳重之感，又有增大体积的视觉效果。用此类织物塑成的线条不易走样，既平稳又有力度，适合用于酒店中具有权威感的岗位制服，是冬季制服的首选面料。

①精纺毛：采用精梳毛纱织制。所用原料纤维长而细，梳理平直，纤维在纱线中排列整齐，纱线结构紧密。品种有花呢、华达呢、哔叽、啥味呢、凡立丁、派力司、女衣呢、贡呢、马裤呢和巧克丁等。多数产品表面光洁，织纹清晰。

②混纺毛：混纺毛织物是羊毛同棉、麻等天然纤维以及涤纶、黏胶、腈纶、锦纶等化学纤维一起制织而成的产品，如毛涤混纺织物，这类织物不仅具有毛织物的特性，又有涤纶织物的特点，不易起皱，易于养护、保管。

混纺毛织物外观光泽自然，颜色莹润，手感舒适，重量范围广，品种风格多。用它制作的衣服挺括，有良好的弹性，不易折皱，耐磨，吸湿性、保暖性、拒水性较好。面料外观具有柔和、沉着、稳重等特点。采用此类织物制作的服装不易变形，既平稳又有力度，适合用于酒店中具有权威感的岗位制服，同时也是冬季制服的首选面料。

3. 涤棉混纺织物

全棉面料柔和贴身，吸湿性和透气性好，但易缩水、易皱，外观上不大挺括美观，平时打理起来不是很方便，不适合制作制服。因此，制服多选用涤棉混纺面料，既突出了涤纶的优势，又有棉织物的长处，在干、湿情况下弹性和耐磨性都较好，尺寸稳定，具有挺拔、不易皱、易洗快干等特点，适合制作夏季制服以及对透气性、吸湿性要求较高的服务人员的制服，这种面料使制服的整体质量更上了一个层次。

4. 麻织物

麻的种类很多，苎麻、亚麻、罗布麻经过适当加工处理可织成高档衣料。麻织物的强力和耐磨性高于棉布，吸湿性良好，抗水性能优越，不容易受水侵蚀而发霉腐烂，对热的传导快，穿着具有凉爽感，是夏季理想的纺织品。麻织物没有棉织物那样柔软，染色性和保形性也不及棉织物，但麻织物的韧性、耐磨性优于棉织物，且具有优良的耐腐蚀性。

5. 化纤织物

①人造纤维：人造纤维又称再生纤维，是以天然聚合物为原料，经过人造加工再生获得的纤维。根据人造纤维的形状和用途，人造纤维分为人造丝、人造棉和人造毛三种，主要品种有黏胶纤维、醋酸纤维等。普通黏胶纤维吸湿性好，易于染色，不易起静电，有较好的可纺性能，可以纯纺也可以与其他纺织纤维混纺，织物柔软、光滑，透气性好，穿着舒适，染色后色泽鲜艳、色牢度好，适宜制作内衣、外衣和各种装饰用品。

②合成纤维：合成纤维种类繁多，应用在酒店制服中的合成纤维主要有以下两种。

聚酯纤维：在我国的商品名为涤纶，是当前合成纤维的第一大品种。涤纶具有许多优良的纺织性能和服用性能，用途广泛，可以纯纺织造，也可与棉、毛、丝、麻等天然纤维或其他化学纤维混纺交织，制成品花色繁多、坚牢挺括、易洗易干，具有免烫和洗可穿性能。它有优良的耐皱性、耐日光、耐摩擦、不霉不蛀等性能，同时有较好的耐化学试剂性能，有耐强酸、弱碱等优点。

锦纶纤维：俗称尼龙，它的耐磨性能是所有纤维中最好的，并且耐冲击，弹性恢复性能、耐疲劳性能也比其他纤维好，但它的热收缩率大，容易变形，做外衣保形性能差，容易起毛球，日晒易变黄。故锦纶不宜单独作为外衣面料。

综上所述，制服面料的设计应根据企业的定位考虑成本，针对不同岗位选择不同的面料，要综合考虑服用性好、穿着舒适、不易皱、缩水率小、易于保管等特点。纺织服用新材料的不断涌现，拓宽了酒店制服选用面料的范围，许多新观感、新功能的面料将被逐渐应用到制服设计中。

第七节　酒店制服的图案设计

酒店制服的设计一般不会有非常显性而花哨的图案，从制服所具有的标识性功能角度出发，一般所应用的图案与酒店视觉识别系统中的标志、辅助图形联系紧密。从实践来看，酒店制服在引入企业标志作为设计元素时，大体上会沿用以下几种创作思路：

一、完整运用

完整运用，即以完整的标志图案形式，通过镶、印、绣、补等工艺手法装饰在左胸口、口袋边、帽徽、袖口等处，或以徽章的形式佩戴在左胸前（如图7-12所示）。

由于企业标志的完整运用意在传达一种权威性和品牌形象，因此，应当尽量避免它出现在制服容易形成皱褶的部位，如肘部、膝关节等处。标志面积的大小也要视服装的部位而定，基本原则是尽量能够在一个平面中完整地展现标志形象。标志面积过大，标志会因人体曲面的存在而得不到完整的展现；标志面积过小，不仅达不到标识的作用，也会因为与服装整体比例的失调而失去美感。

图7-12　标志图案的完整运用

（图源：曾有露绘制）

二、局部组合运用

局部组合运用，即采取企业标志的某个部分作为服装图案的设计元素，将本来就已经极具设计意味的标志的各个细节进行放大或再组合，将企业形象以一种"写意"的方式传达出来（如图7-13所示）。企业标志图形的局部，或是酒店名称的代表性文字（字母）等，都可以被提取出来作为制服设计中图形构成、结构线处理、色彩分割或是面料组合的依据。

图7-13　标志图案的局部组合运用

（图源：马乾倩绘制）

局部组合运用蕴藏了无限的可能性，是一种很灵活的创作方法，制服的形式也会因为加入了流畅的线条或活泼的色块而变得生动。

三、反复运用

反复运用，即以企业标志为基本图形，经过有一定规律性的反复排列在服装上形成一种图案形式，如二方连续图案、四方连续图案等（如图7-14所示）。二方连续图案更多出现在制服的袖口、门襟、衣摆、裤脚等带状边缘处，四方连续图案更多以面料底纹的形式大面积运用在面料或里料中。值得注意的是，面料上的图案色彩对比度应比里料的图案色彩对比度更弱，使之体现出职业装的含蓄和严谨。

图 7-14　标志图案的反复运用

（图源：高霞作品）

第八节　酒店制服的配饰设计

酒店制服的配饰一般有领带、丝巾、腰带，特殊的岗位会佩戴帽子。

一、领带

领带的颜色和图案非常丰富，不同的颜色、图案所代表的正式程度不同。根据国际惯例，深色比浅色更正式，灰色比艳色更正式，没有图案比有图案更正式，小图案比大图案更正式，抽象图案比具象图案更正式。在实际设计中，可以依照酒店的类型和风格定位，设计相应的领带图案和色彩。

总的来讲，作为日间职业套装的领带应以几何图案和中性色调为标准，更严肃的场合应使用无花纹或隐纹的朴素色调，较休闲的场合可以用花色领带。

搭配方面，宽领带稳重大气，更适合搭配双排扣西装；窄领带显得有活力，适合年轻的职场人士，跟平驳领西装是绝配。真丝领带，色泽华丽有光泽，适合较轻薄的西装外套；羊毛领带比较厚，风格比较粗犷，适合较厚重的西装外套。

二、丝巾

用于职业装搭配的丝巾，以手帕型丝巾、小长方形丝巾为主。丝巾的色彩设计以及搭配方法主要有两种思路。

1. 同色呼应

确定好服装主色后，丝巾的颜色与服装的主色接近，如采用服装主色的同色系，在明度、纯度上呈现深浅、浓淡的变化，增加制服设计的层次感，使服装与服饰的设计统一在一个色系里，整体性强，展现和谐之美。

2. 对比点缀

如果制服的造型简约，或者色彩单一，在配饰设计时，可以用纹样繁复或花色鲜艳的丝巾与服装产生对比，增强视觉冲击效果，起到画龙点睛的作用。

丝巾的图案设计参看本章第七节。

第九节　系列化设计表现

酒店员工的活动范围多在室内，而室内一年四季恒温，使得制服设计不必过于注重季节变化这一因素。各个不同岗位的制服，其身份的标识性设计要明确，要具有系列感，酒店制服的"形、色、质"与酒店文化要相协调。

由于酒店内部系统岗位繁多，运用系列化设计方法十分有效。系列化设计是在确定主体方案基本母型的基础上，运用一定的构成形式来统筹全局，再由母型方案衍生出许多子型设计方案。子型方案由相似视觉元素构成，有时甚至只需局部的异色、异形处理便可得到。这样的系列化设计方法符合企业识别的总体要求，使制服的实用性、审美性与酒店的精神相融洽，形成统一的美感。

系列化设计要满足企业整体形象的统一性，同时又要满足各部门不同工种的识别性。

设计师首先通过对职业装设计定位的把握，确定职业装的设计主题和设计风格，这是从企业整体角度把握的大系统设计，由此设计出各部门基本款式的母型主体。在此基础上，设计师运用一定的构成要素来统筹全局，在主题统一的前提下，根据具体工种的特点进行单件设计，选择服装的可变因素，即款式造型、色彩、面料、配饰等，由此从母型方案衍生出多种子型设计方案，形成符合设计定位的系列化设计。在设计"个体"职业装时，需了解其所在的企业"整体"包含哪些部门和工种、横向和纵向之间的关系。

系列设计必须统一，才能称之为"系列"，"统一"就是在系列产品中有一种或几种共同元素，将这个系列串联起来使它们成为一个整体。只有"统一"没有"变化"，产品又太单调。在统一的前提下，一个设计构思可以经过微妙的变化，在不同的产品中延伸，形成丰富而均衡的视觉效果。要做到统一而变化，就是要对产品的某一种特征反复地以不同的方式进行强调。

第八章　酒店制服时尚化设计实践案例

——以九寨沟星宇国际大酒店制服设计为例

第一节　酒店文化分析

九寨沟星宇国际大酒店坐落于素有"人间仙境"美誉的世界级自然风景区——九寨沟，位于四川省阿坝藏族羌族自治州九寨沟县漳扎镇，属于四星级酒店，同时也是中国首家五等级、以藏族歌舞艺术为主题的主题酒店。其所处地域居住的民族主要为嘉绒藏族。

嘉绒先民以金为饰，尚黑。200余年的唐蕃交战，处于川西地区的部落逐渐被吐蕃文化同化，最终融合为藏族。在这一过程中，男子服饰与其他藏族服饰趋于一致，而女子服饰却与藏族主流服饰存在较大差别，更多地保留了本土风格——编发盘头、着百褶裙、披毡、贵黑。不同于一般藏装右衽、长袖、肥腰、大襟、用氆氇或毛皮剪裁而成的特点，传统嘉绒藏族女性服饰使用金丝绒面料，形制则以"三片"为主，即头上一片帽子，身上前后两片围腰，既简单又具有特色（如图8-1所示）。男子普遍着大领袍或衫，拴腰带，冬天加羊皮袄。嘉绒藏族主要的舞蹈类型——锅庄舞以柔美著称，主要道具为水袖（如图8-2所示）。

九寨沟星宇国际大酒店建筑外观造型独具藏式宫廷建筑特色（如图8-3所示），室内装修也多借鉴藏式装修风格——圆弧形的砖砌纹理墙面设计，藏族特色舞蹈图案彩绘墙柱（如图8-4所示）。悬挂于碰铃长廊墙面的十五幅手绘画，描绘的是九寨沟传说中的英雄人物达戈，带领人民建设美丽九寨的动人故事。酒店主色调使用棕色系和黄色系的同类色搭配（如图8-5所示），并用少许色彩缤纷的小物件进行点缀。

图 8-1　嘉绒藏族女性服饰

（图源：https://graph.baidu.com/pcpage/similar?carousel＝503&entrance）

图 8-2　嘉绒藏族男性服饰

（图源：https://www.sohu.com/a/77141269_249803）

图 8-3　九寨沟星宇国际大酒店外观

（图源：星宇酒店提供）

图 8-4　九寨沟星宇国际大酒店内部装饰

（图源：星宇酒店提供）

图 8-5　酒店的标准色和标志

（图源：星宇酒店提供）

酒店内随处可见的舞蹈人物形象、牛头图腾、央移（藏族乐谱）、海螺和琵琶以及其他藏族元素，展现了藏族人们具有浓郁藏式风格的歌舞休闲生活图景（如图8-6所示）。《牛头图腾》作为星宇国际大酒店的主题图腾，以九寨沟的传说人物达戈和色莫的动人故事为原型，两人欢歌悦舞，勾勒出"动情添长袖，阳刚之烈，柔情之美，天籁之爱"的意境，结合现代酒店审美，寓意现代酒店与藏族歌舞共同托起星宇国际大酒店，传递"星宇有亲情，歌舞迎嘉宾"的理念（如图8-7所示）。

图8-6　九寨沟星宇国际大酒店大堂

（图源：星宇酒店提供）

图8-7　星宇国际大酒店的主题图腾

（图源：星宇酒店提供）

第二节　设计思路

　　鉴于九寨沟星宇国际大酒店是四星级、五等级藏族歌舞艺术主题酒店，故制服设计的定位应为中高档次，追求细节的精致感和整体的品质感。服饰搭配在符合藏族歌舞艺术特征的同时，要大方得体，具有现代感。

　　本案例图案设计以九寨沟故事主角达戈、色莫的跳舞形象为原型，设计了主题文化图案（如图8-8所示），并从酒店装饰中提取了舞蹈人物图案（如图8-9所示），与中国结、藏族乐谱"央移"组合形成新的二方连续图案（如图8-10所示）。纹样具有审美性的同时，与酒店主题文化内涵相呼应，欢快动感，简洁明了。

　　色彩方面，主要运用了酒店视觉识别系统中的酒红色、金色，藏族服装中的乳白色、黑色与藏青色，对高饱和度的色彩进行小面积局部点缀。

图8-8　主题文化图案

图8-9　舞蹈人物图案

图 8-10 二方连续图案

第三节 礼宾制服设计①

礼宾作为代表酒店为宾客送去第一道人文关怀的重要角色，不仅要给宾客带来体贴的关怀，更要给宾客一个愉悦的视觉感受。此制服具有礼服性质，制服设计的层次可以多一点，给顾客以知礼懂节、盛情接待之感。

礼宾男装由长款外套、及臀里衣、腰带和长裤组成。里衣袖长略长于外套袖长，在长于外套衣袖的袖口部分进行刺绣，形成层次感，外套袖子的部分有细毛条的拼接；将高饱和度的色彩点缀在腰带之上，坚硬的宝石与柔软的面料也混搭出别样的风情；色彩方面，主要运用酒店视觉识别系统里的企业标准色：深红色、黑色、卡其金、天蓝色、大红色，以及少许辅助色彩中黄色。

礼宾女装袖子微喇，与男装是一个系列，颜色、材质均相同。但女装个性化更为强烈，着短衣，穿拖有绣带的百褶裙，与其他藏族分支服装区分开来，可以更加突出星宇国际大酒店的独特文化和个性。

外套面料都采用仿真丝的缎面布料，不仅光泽感强，颜色亮丽，而且具有一定的挺括效果。填充物为定型棉，外观平整，不易变形，虽然厚度比不上人造棉，但是同样可以起到保暖作用。内衬采用聚酯纤维布料，密度高，保暖性强。里衣使用较厚的纯棉布料，舒适感强且不易产生静电。春夏季面料与秋冬季面料选择相同，但里衣选用较薄的纯棉布料，更加吸汗透气。辅料采用具有民族感的黄玉髓珠、绿

---

① 设计者为 2013 级服装本科班学生魏虹宇，学号为 2013541137。

松石等装饰材料，搭配与服装色彩相同的丝线（如图 8-11、图 8-12、图 8-13、图 8-14 所示）。

图 8-11　礼宾制服设计效果图

图 8-12　礼宾制服设计结构图

图 8-13 礼宾制服设计成衣展示

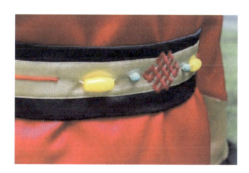

图 8-14 礼宾制服设计成衣细节展示

第四节 行李员制服设计①

　　行李员制服应给人以刚劲有力、诚实可信之貌。出于功能性的需要，多采用短外套样式，必须减去一定的装饰份量。

　　此行李员制服是由不对称拼色外套、衬衣和西裤组成的套装设计。嘉绒藏族男

---

　　① 设计者为 2015 级服装本科班学生崔霄，学号为 2015541143。

士服装的外袍长度达膝盖，不利于行李员工作活动，同时为了增加服装的时尚性，行李员制服设计了不对称样式外套。不对称外套领口、衬衣领口的形制都源于嘉绒藏族传统服饰，用拼接的工艺方式在外套边上及领上装饰镶嵌条。黑色衣片部分从肩上到背后下摆有"央移"机绣图案，增加服装的藏族特色。上衣采用三片结构，六颗白色手工一字盘扣，使服装充满民族风情。衬衣选用米白色，简洁大气。裤子为标准男士西裤，选用黑色为主题色彩，插袋边覆盖一辅助色红色细条，大气耐脏，并且与上衣外套边缘的红色镶嵌条相呼应。

本设计根据酒店视觉识别系统中的标准色和辅助色，并结合嘉绒藏族传统服饰的色彩，选择了黑色为主色调，白色、红色为辅助色调；在领、门襟、衣摆用布料拼接工艺进行酒红色的拼接，白色的运用使服装更加明快；从实用角度出发，服装大面积使用黑色，适应行李员的工作性质。

在外套面料的选择上，不仅要考虑它的职业特色，还要考虑九寨沟一年四季气温的变化。本设计中的外套选用黑色和白色偏厚呢子类的面料，注重保暖、舒适感及耐磨度。外套里料选择涤纶，具有耐用性强、弹性好、不易变形、绝缘等特点。

衬衣面料选择织锦缎，正面面料带柔和光泽，富有美感；反面面料手感柔软、舒适（如图8-15、图8-16、图8-17所示）。

图8-15　男行李员职业装设计效果图与成衣展示

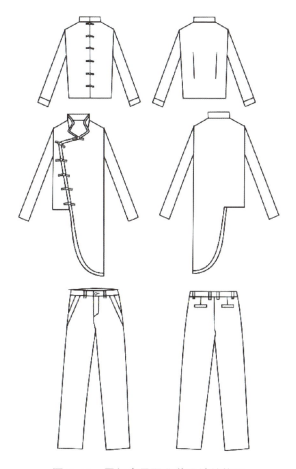

图 8-16 男行李员职业装设计结构图

图 8-17 男行李员职业装设计成衣细节展示

第五节　总台接待员制服设计^①

　　总台接待员是与宾客语言交流最多的岗位，应给人以礼貌、友善之感，表现出训练有素、有条不紊的工作状态，服饰要有酒店的标识性特点。由于这个岗位较少有肢体动作，因此款式设计可侧重考虑静态美，装饰也多集中在上半身。

　　此接待员女装的设计采用了长袖外套和半身长裙组合的套装形式，将具有酒店特色的图案元素运用机绣的方式装饰在服装侧门襟上，具有明显的酒店标识性特点。长袖外套采用五片式结构，衣服后片以后中线分开使用隐形拉链，衣服前片分成不均等三片式结构。下裙采用百褶长裙，左右开侧缝隐形包，增强了服装的实用性。

　　大衣外套选择混合毛料，大比例的毛料使用，增加了服装的高定感，也具有服装御寒保暖、耐磨耐损、防皱挺括的优点。服装里料选择涤纶面料，具有耐磨、耐洗、性价比高的特点（如图 8-18、图 8-19 所示）。

图 8-18　总台接待员制服设计效果图及成衣展示

---

① 设计者为 2015 级服装本科班学生刘娜，学号为 2015541158。

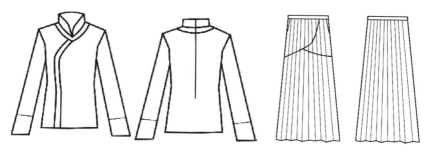

图 8-19 总台接待员制服设计款式图

第六节 大堂经理制服设计[①]

大堂经理的形象要稳重、大方，制服通常要比一般职员制服有更多"隆重"的元素，制服要用沉着的色彩、上乘的面料和精致的做工，传达出管理人员沉稳、老练与庄重的气质。

大堂经理男士制服采用拼接式的西装外套、立领衬衣、标准西裤组合而成的套装设计。西装外套在衣领和袖口部分都采用了颜色的拼接，以黑色为主要色彩，袖口和衣领采用了星宇国际大酒店视觉识别系统中的藏红色作为点缀，在打破传统西服刻板印象的同时，又不会显得花哨。外套采用了四片结构，H 型直下摆，衣服左上方制作口巾袋，在下方两侧制作了无盖单嵌条口袋，并且在口袋上方腰节位置做了收省处理。西装外套采用对襟的方式，使用特色图案构成的对扣。立领衬衣是中式和藏式结合的体现。暗门襟和暗扣体现了服装的简洁大方。色彩选用浅蓝、灰色，给人清新简洁的感受。

大堂经理女士制服采用对襟长袍外衣、衬衣、半身百褶长裙组合而成的套装设计。外衣为对襟长袍，蝙蝠七分袖，颜色与男士西装外套相同，采用了大面积的黑色，在衣襟和袖口的位置采用星宇国际大酒店视觉识别系统中的藏红色作为点缀颜色，进行了拼接处理，在胸口以下的地方同样使用特色图案构成的对扣。衬衣在结构上做了较大的改变，做了许多的结构分割线，如胸围到腰节处、袖子三分之一处、衣服后中处、前衣片肩斜处。衬衣衣领使用了传统旗袍的小立领加小 V 领的处理，在接口处使用了白色盘扣作为装饰。下裙采用半身藏式长裙的结构，用百褶的方式，采用丝绒面料，更具藏式传统裙装的感觉；用松紧代替拉链，使服装穿戴更

---

① 设计者为 2015 级服装本科班学生刘娜，学号为 2015541158。

加方便，更加人性化；做了隐形包袋的设计，使服装具有功能性。

男女士制服外套都选用混纺毛料，增加了服装的高定感，也具有御寒保暖、耐磨耐损、防皱挺阔的优点（如图8-20、图8-21、图8-22、图8-23所示）。

图8-20　大堂经理制服设计效果图

图8-21　大堂经理制服设计结构图

图 8-22　大堂经理制服设计成衣展示

图 8-23　大堂经理制服设计成衣细节展示

第七节　行政部门经理制服设计[①]

行政部门经理要给人大气、沉稳的感觉，在面料的选择上要考究舒适；同时行政部门经理作为管理层，要具有一定的威严，给人一种庄重和信任感，行政部门经理制服在颜色和款式上需要有所收敛，不宜过于大胆和夸张。

行政部门经理男士西服外套在款式上抛弃了传统的西装领，用了平领拼接，平领拼接处结合酒店文化做了"波打线"刺绣，提高了服装档次，纽扣采用对扣的形式。衬衣采用米白色，款式简洁，立领设计，暗门襟，在领子和袖口处选用了有款式的纽扣，提升服装的品质。衬衣的左胸处设有口袋，既丰富了服装，又有实用

---

① 设计者为 2015 级服装本科班学生黄琴，学号为 2015541153。

性。约克设计使服装更男性化，袖口处结合了衬衣袖口和藏族翻袖的特点，让服装更有设计感。西裤合体，使人显得更加精干、时尚；在两侧设有斜插口袋。

行政部门经理女士西服外套为八开身款式，腰处断开做了收腰款式，下摆处放量，加强了女性的曲线。对扣和拼接立领增加了服装的设计感，腰处做了暗包，不影响服装整体感觉又有实用性。拼接立领处结合酒店文化做了"波打线"刺绣。衬衫为立领直筒版型，后中设有隐形拉链，领口和袖口均有碎褶设计，衣身为白色。袖口处做了黑底白色吉祥结的刺绣工艺，与长裙相呼应，紧扣星宇国际大酒店主题，又增加了职业装的设计感和品质感。长裙为三片式高腰A字百褶长裙，在大腿侧缝线处做了拼接，长度在脚踝以上6厘米左右，裙身为黑色。腰头为9厘米宽的吉祥结刺绣高腰形式，白色底布上做了暗红色的刺绣和压条，暗红色源于酒店视觉识别系统，白色和暗红色的运用打破了长裙的沉闷感。

西装面料主料为时装光泽面料，经过丝光处理，细斜纹，有抗皱、耐穿、悬垂感好、造型线条光滑、保暖性好的特点，符合部门经理形象的塑造，使服装呈现良好的视觉效果。衬衫面料选择纯色进口锦缎，平滑光亮，质地柔软不易皱，又具有较好的垂坠感，整体很有质感，可干洗亦可水洗，耐洗度和透气性也不错，符合九寨沟星宇大酒店行政部门经理服装面料的要求和定位。

色彩搭配以黑、白色为主基调，融入央移和吉祥结图案，使酒店独有的藏式图案通过不同颜色、不同的工艺（刺绣、印花和暗纹的形式）出现在服装上，使服装富有变化和品质感，体现星宇国际大酒店的特色主题文化（如图8-24、图8-25、图8-26、图8-27所示）。

图8-24　行政部门经理制服设计效果图及成衣展示

图 8-25　行政部门经理制服设计结构图

图 8-26　行政部门经理制服设计女装衬衫

 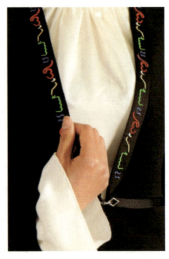

图8-27　行政部门经理制服设计成衣细节展示

第八节　客房服务员制服设计①

　　客房服务员应给人以朴实无华、清洁勤快的印象，服装款式一般简洁利落。客户服务员因工作性质运动幅度较大，制服整体款式以较宽松为宜，裤装为主。

　　客房服务员男士制服采用衬衣、裤子和马甲的组合设计。黑、白两色为主体色彩，酒红色为辅助色彩，橙色、黄色做点缀，增加服装的亮点。衬衣结构在基础款男衬衣上稍做改变，胸部做拼接，后背有合肩拼接；领型为立领，袖口做魔术贴设计。马甲在基础西服马甲的长度基础上做了缩短处理，整体内长里短，增加了制服的层次性。马甲在两边左右口袋的处理，增加使用性能。马甲前门襟为拼接与包边。男裤裤脚部位与衬衣的袖口部位采用相同的处理工艺，整体做到相互呼应。裤子腰部松紧，脚边收口。

　　客房服务员女士制服采用连衣裙加马甲背心的组合设计。连衣裙以乳白色为主，领口处为交叉式设计，做图案拼接。腰部做腰带拼接，略收腰设计。裙下摆部分外层做开叉处理，内里以百褶方式，方便活动。在门襟、下摆用镶边工艺进行酒红色与藏青色的拼接。马甲以黑色为主，显得沉稳且耐脏，领口加黄色与橙色的拼

---

　　①　设计者为2015级服装本科班学生杜凤，学号为2015541148。

接作为点缀，使制服增加活力感。马甲门襟处采用镶边和包边处理，做捆绳设计，增加藏族服饰特色元素。

　　男士和女士制服整体造型都为 H 型，便于客房服务员的工作。男士衬衣、裤子和女士连衣裙都选择有光泽感的厚雪纺百褶面料，面料质地舒适、手感柔和，便于活动，实用性强，穿着方便。马甲选择了混纺面料，经济实用（如图 8-28、图 8-29、图 8-30、图 8-31 所示）。

图 8-28　客房服务员制服设计效果图

图 8-29　客房服务员制服设计结构图

图 8-30　客房服务员制服设计成衣展示

图 8-31　客房服务员制服设计成衣细节展示

第九节　餐饮部服务员制服设计[①]

餐饮部服务员的服装应该给用餐者以清洁、灵便、愉悦的视觉感受。同时，根据工作特点，餐饮部服务员的制服应满足一定的功能性。

男服务员制服由无领长马甲外套、衬衣、直筒西裤组成。衬衣为黑色，H身形，灰白色圆领，前中开襟，五颗盘扣，袖子为一片式，袖口拼接藏红色面料，宽度为5厘米。裤子为灰白色H形西裤。男装马甲以黑色为主色调，以藏红色和香槟色为辅助色。宽松的大廓型结构设计符合餐厅服务员制服的功能需求。男装马甲在胸口处以红色和黑色布料拼接组成藏族宝物中的琵琶形，增加设计感，使其更加具有民族文化与特色。印花为提炼的二方连续图案，五颗黑色蝴蝶型盘扣。

女服务员制服由无领马甲、衬衣、直筒裤和半裙组成。女装马甲以黑色为主要色，以平面系统中的香槟色和藏红色为辅助颜色。整体的服装结构采用了4片裁片、无领口、无袖子、无口袋。在胸口以葫芦形藏红色拼接，印花为二方连续图案，扣子为黑色的蝴蝶型盘扣。衬衣为黑色，H身形，领口为以白马藏族为原型设计的圆领，灰白色，前中开襟，盘扣五颗，袖子为一片式，袖口拼接的是藏红色面料，配上香槟色的纹样，大约4厘米宽。裤子是灰白色的女式直筒裤，左右各有一个口袋。裙子上部分为灰色，下以黑色拼接，高叉。制服选用了黑色作为整个设计中的主色，而藏红色和香槟色为辅助色，不仅在色彩设计中体现了酒店的特色，而且耐脏、耐磨，更加具有实用性。

男女服务员制服的外衣均采用了黑色和藏红色的混纺西装面料，辅料选择了同样颜色的内衬，在红色部分加上了香槟色的纹样，黑色蝴蝶形状的盘扣。衬衣采用了黑色的棉质布料，透气吸汗，辅料采用了红色的盘扣，灰白色的圆领等。裤子和裙子采用了和上装黑色面料相同的灰白色的混纺面料，上下一致，穿着者不会不适，辅料为黑色盘扣以及灰白色的拉链（如图8-32、图8-33所示）。

[①]　设计者为2015级服装本科班学生郑文刚，学号为2015541174。

图 8-32　餐厅服务员制服设计效果图及成衣展示

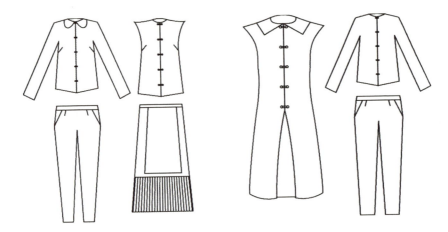

图 8-33　餐厅服务员制服设计结构图

参考文献

［1］梁惠娥. 酒店制服设计与制作［M］. 北京：中国纺织出版社，2004.

［2］邹游. 职业装设计［M］. 北京：中国纺织出版社，2007.

［3］戴蕾. 酒店制服设计之我见［J］. 苏州大学学报（工科版），2002（6）：98-100.

［4］陈桂林，蔡雪真. 经典时尚职业装设计［M］. 北京：化学工业出版社，2017.

［5］中国旅游酒店业协会. 中国酒店制服蓝皮书［M］. 北京：中国纺织出版社，2015.

［6］日本西装向上委员会. 穿出你的西装风格［M］. 北京：中国纺织出版社，2013.

［7］刘瑞璞，陈果. 优雅绅士Ⅰ·西装［M］. 北京：化学工业出版社，2016.

［8］刘瑞璞. 国际化职业装设计与实务［M］. 北京：中国纺织出版社，2010.

［9］徐仂，侯卫敏. 中外服装史［M］. 南京：南京大学出版社，2011.

［10］王晓云. 实用服装裁剪制版与成衣制作实例系列职业装篇［M］. 北京：化学工业出版社，2014.

［11］郭庆红. 浅议职业装的分类及发展［J］. 赤峰学院学报（科学教育版），2011，3（12）：112-114.

［12］樊畅，史慧，郭晓芳，等. 民族元素在酒店制服设计中的应用分析［J］. 服饰导刊，2022，11（2）：100-105.

［13］神惠子. 餐饮行业职业装的时尚化现象［J］. 艺术研究，2010（4）：28-29.

［14］周子莹. 职业装的历史演变与特色化设计研究［D］. 海口：海南大学，2017.

［15］常树雄. 职业服装设计教程［M］. 沈阳：辽宁美术出版社，2017.

［16］毛立辉. 多方入手创新职业装时尚内涵［J］. 中国纺织，2019（3）：102-103.